駿台受験シリーズ

短期攻略
大学入学 共通テスト
数学II・B

◆実戦編◆

問題編

目　次

●*数学II*（42題）

§1　いろいろな式（8題）…………………………………… 2

§2　図形と方程式（8題）………………………………… 14

§3　三角関数（8題）……………………………………… 26

§4　指数・対数関数（8題）……………………………… 36

§5　微分・積分の考え（10題）………………… 46

●*数学B*（16題）

§6　数　列（8題）……………………………………… 60

§7　ベクトル（8題）…………………………………… 70

《解答上の注意》
　小数の形で解答する場合，指定された桁数の一つ下の桁を四捨五入して答えます。また，必要に応じて，指定された桁まで0を入れて答えます。
　例えば，$\boxed{ア}$. $\boxed{イウ}$ に 2.5 と答えたいときには，2.50 として答えます。

2　§1　いろいろな式

§1　いろいろな式

★*1*　【10分】

太郎さんと花子さんは，次の**問題**とその**解答**について話している。二人の会話を読み，下の問いに答えよ。

問題　x，y を正の実数とするとき，$(x+y)\left(\dfrac{2}{x}+\dfrac{1}{2y}\right)$ の最小値を求めよ。

【解答】

$x>0$，$y>0$ であるから，相加平均と相乗平均の関係より

$$x+y \geqq 2\sqrt{xy} \qquad\qquad \cdots\cdots①$$

$\dfrac{2}{x}>0$，$\dfrac{1}{2y}>0$ であるから，相加平均と相乗平均の関係より

$$\frac{2}{x}+\frac{1}{2y} \geqq 2\sqrt{\frac{2}{x}\cdot\frac{1}{2y}}=2\sqrt{\frac{1}{xy}} \qquad\qquad \cdots\cdots②$$

である。①，②の両辺は正であるから

$$(x+y)\left(\frac{2}{x}+\frac{1}{2y}\right) \geqq 2\sqrt{xy}\cdot 2\sqrt{\frac{1}{xy}}=4$$

よって，求める最小値は 4 である。

太郎：正しいように思えるけど。

花子：$(x+y)\left(\dfrac{2}{x}+\dfrac{1}{2y}\right)$ を展開して，$t=\dfrac{y}{x}$ とおくと

$$(x+y)\left(\frac{2}{x}+\frac{1}{2y}\right)=2t+\frac{1}{2t}+\frac{\boxed{\text{ア}}}{\boxed{\text{イ}}} \qquad\qquad \cdots\cdots③$$

となるでしょ。③式の値を 4 とおいて，両辺に $2t$ をかけて，整理すると

$$4t^2-\boxed{\text{ウ}}\,t+1=0$$

となるよ。この 2 次方程式の判別式を計算してみて。

太郎：$-\boxed{\text{エ}}$ となるね。ということは t は $\boxed{\text{オ}}$ となって，おかしいね。

花子：この解答は，間違っているよ。$\boxed{\text{カ}}$ から，間違っているんだよ。

（次ページに続く。）

(1) ア ～ エ に当てはまる数を答えよ。

(2) オ に当てはまるものを，次の⓪～③のうちから一つ選べ。

⓪ 負の数	① 無理数	② 実数	③ 虚数

(3) カ に当てはまるものを，次の⓪～③のうちから一つ選べ。

⓪ $x+y=\dfrac{2}{x}+\dfrac{1}{2y}$ を満たす正の実数 x, y がない

① $xy=\dfrac{1}{xy}$ を満たす正の実数 x, y がない

② $x=y$ かつ $\dfrac{2}{x}=\dfrac{1}{2y}$ を満たす正の実数 x, y がない

③ $x=y$ かつ $\dfrac{2}{x}=\dfrac{1}{2y}$ を満たす正の実数 x, y がある

さらに会話は次のように続いた。

太郎：③式に相加平均と相乗平均の関係を使えばいいんじゃないのかな。

花子：そうだね。だから，最小値は $\dfrac{キ}{ク}$ だね。

太郎：$t=\dfrac{ケ}{コ}$ のときに，最小値をとるってことだね。だから，例えば，$x=2$, $y=$ サ のときに最小値をとるってことだ。

(4) キ ～ サ に当てはまる数を答えよ。

4   §1   いろいろな式

★2 【10分】

二つの整式
$$f(x) = x^4 + (a-10)x^2 - (2a+7)x - 6a + 4$$
$$g(x) = x^2 + 2x + a$$
を考える。

(1) $f(x)$ を $g(x)$ で割ったときの

商は $x^2 - \boxed{\text{ア}}\, x - \boxed{\text{イ}}$

余りは $\boxed{\text{ウ}}\, x + \boxed{\text{エ}}$

である。

(2) $p = 1 + \sqrt{7}$ とおく。p は，2次方程式
$$x^2 - \boxed{\text{オ}}\, x - \boxed{\text{カ}} = 0$$
の解の一つであり
$$f(p) = \boxed{\text{キ}} + \boxed{\text{ク}}\, \sqrt{7}$$
である。また，n を整数とするとき
$$f(p) - n(4n + \sqrt{7})\, p$$
が整数となるのは $n = \boxed{\text{ケ}}$ のときであり，このときその値は $\boxed{\text{コサ}}$ である。

5

★★3 【12分】

x の整式 $P(x)$ は，次の条件(i)(ii)を満たしている。

(i) $P(x)$ を $x-2$ で割ったときの余りは5である。

(ii) $P(x)$ を $(x-3)^2$ で割ったときの商は $Q(x)$，余りは $4x-9$ である。

(1) 条件(i)(ii)より

$$P(2)=\boxed{\text{ア}}\,, \qquad P(3)=\boxed{\text{イ}}$$

であるから，$P(x)$ を $(x-2)(x-3)$ で割ったときの余りは

$$\boxed{\text{ウエ}}\,x+\boxed{\text{オ}}$$

である。

(2) $P(x)$ を $(x-3)^2(x-2)$ で割ったときの余りを ax^2+bx+c とおくと，条件(i)より

$$\boxed{\text{カ}}\,a+\boxed{\text{キ}}\,b+c=\boxed{\text{ク}}$$

条件(ii)より

$$\boxed{\text{ケ}}\,a+b=\boxed{\text{コ}}\,, \qquad \boxed{\text{サ}}\,a-c=\boxed{\text{シ}}$$

が成り立つことから

$$a=\boxed{\text{ス}}\,, \qquad b=\boxed{\text{セソタ}}\,, \qquad c=\boxed{\text{チツ}}$$

である。

(3) 条件(ii)において $Q(x)=x^2-3x+8$ とする。

このとき

$$Q(x)=(x-2)\Big(x-\boxed{\text{テ}}\Big)+\boxed{\text{ト}}$$

と変形できるので，$P(x)$ を $(x-3)^2(x-1)$ で割ったときの余りは

$$\boxed{\text{ナ}}\,x^2-\boxed{\text{ニヌ}}\,x+\boxed{\text{ネノ}}$$

である。

6   §1 いろいろな式

★★*4*   【12分】

a，b，p，q は実数で，$a>0$ とする。三つの方程式

$$x^2+ax-2a-4=0 \qquad\qquad \cdots\cdots①$$
$$x^2+bx-a^2=0 \qquad\qquad \cdots\cdots②$$
$$x^3+px^2+qx-4a-8=0 \qquad\qquad \cdots\cdots③$$

を考える。

2 次方程式①の二つの解 $\boxed{\text{ア}}$，$-a-\boxed{\text{イ}}$ がともに，3 次方程式③の解である

ならば，③のもう一つの解は $\boxed{\text{ウエ}}$ であり

$$p=a+\boxed{\text{オ}}，\qquad q=\boxed{\text{カキ}}$$

である。

さらに，2 次方程式②の二つの解がともに③の解であるならば

$$a=b \text{ のとき}\quad a=b=\boxed{\text{ク}}+\sqrt{\boxed{\text{ケ}}}$$

$$a\neq b \text{ のとき}\quad a=\boxed{\text{コ}}，\qquad b=\boxed{\text{サ}}$$

である。

★★5 【15分】

a を実数とする。x の3次方程式

$$x^3+(a+1)x^2-5(a+4)x-6a-20=0 \qquad \cdots\cdots ①$$

は，a の値によらずつねに $x=\boxed{\text{アイ}}$ を解にもつ。

よって，①の三つの解を $\boxed{\text{アイ}}$，α，β とおくと

$$\begin{cases} \alpha+\beta = \boxed{\text{ウ}}\,a \\ \alpha\beta = \boxed{\text{エオ}}\,a - \boxed{\text{カキ}} \end{cases}$$

である。

(1) α，β がともに虚数となるのは

$$p=\boxed{\text{クケコ}}\,, \qquad q=\boxed{\text{サシ}}$$

として，$\boxed{\text{ス}}$ が成り立つときである。

$\boxed{\text{ス}}$ の解答群

⓪ $a\leqq p,\ a\geqq q$ ① $a\leqq q,\ a\geqq p$ ② $a<p,\ a>q$ ③ $a<q,\ a>p$

④ $p\leqq a\leqq q$ ⑤ $q\leqq a\leqq p$ ⑥ $p<a<q$ ⑦ $q<a<p$

(2) $\beta=-2\alpha$ となるのは

$$a=\boxed{\text{セ}} \quad \text{または} \quad a=\boxed{\text{ソタ}}$$

のときである。

(3) $\beta=\alpha^2$ となるのは

$$a=\boxed{\text{チツ}} \quad \text{または} \quad a=\boxed{\text{テトナ}} \pm \boxed{\text{ニ}}\sqrt{\boxed{\text{ヌ}}}$$

のときである。

8　§1　いろいろな式

★★6　【12分】

(1)　次の**問題**について考えよう。

問題　x の方程式
$$x^4 + 4x^2 + 16 = 0 \qquad\qquad \cdots\cdots①$$
の解を求めよ。

【解答1】

$t = x^2$ とおくと，方程式①は $t^2 + 4t + 16 = 0$ となるので

$$t = \boxed{\text{アイ}} \pm \boxed{\text{ウ}} \sqrt{\boxed{\text{エ}}}\, i$$

である。

これより，$(a + bi)^2 = \boxed{\text{アイ}} + \boxed{\text{ウ}} \sqrt{\boxed{\text{エ}}}\, i$ となる実数 a，b の値を求める。

$(a + bi)^2$ を展開することにより

$$\boxed{\text{オ}} = \boxed{\text{アイ}}\,, \qquad \boxed{\text{カ}} = \sqrt{\boxed{\text{エ}}}$$

が成り立つので，b を消去して

$$a^4 + \boxed{\text{キ}}\, a^2 - \boxed{\text{ク}} = 0$$

a は実数であるから

$$a = \pm \boxed{\text{ケ}}\,, \qquad b = \pm \sqrt{\boxed{\text{コ}}} \quad (\text{複号同順})$$

同様にして，$(a + bi)^2 = \boxed{\text{アイ}} - \boxed{\text{ウ}} \sqrt{\boxed{\text{エ}}}\, i$ となる実数 a，b の値を求めると，方程式①の解は

$$x = \boxed{\text{ケ}} + \sqrt{\boxed{\text{コ}}}\, i,\ -\boxed{\text{ケ}} - \sqrt{\boxed{\text{コ}}}\, i,\ \boxed{\text{ケ}} - \sqrt{\boxed{\text{コ}}}\, i,$$
$$-\boxed{\text{ケ}} + \sqrt{\boxed{\text{コ}}}\, i$$

である。

$\boxed{\text{オ}}$，$\boxed{\text{カ}}$ の解答群

⓪　a　　　①　b　　　②　$a + b$　　　③　ab　　　④　$a^2 + b^2$　　　⑤　$a^2 - b^2$

（次ページに続く。）

9

【解答2】

正の実数 p, q を用いて

$$x^4 + 4x^2 + 16 = (x^2 + p)^2 - (qx)^2$$

と変形すると

$$p = \boxed{\text{サ}}, \qquad q = \boxed{\text{シ}}$$

である。

これより，方程式①の左辺は

$$(x^2 - qx + p)(x^2 + qx + p)$$

と因数分解できるので，①の解は

$$x = \boxed{\text{ケ}} \pm \sqrt{\boxed{\text{コ}}}\, i, \qquad -\boxed{\text{ケ}} \pm \sqrt{\boxed{\text{コ}}}\, i$$

である。

(2) x の方程式 $x^4 - x^2 + 16 = 0$ の解を求めよ。

$$x = \frac{\boxed{\text{ス}} \pm \sqrt{\boxed{\text{セ}}}\, i}{\boxed{\text{ソ}}}, \qquad \frac{-\boxed{\text{ス}} \pm \sqrt{\boxed{\text{セ}}}\, i}{\boxed{\text{ソ}}}$$

いろいろな式

10 §1 いろいろな式

★★7 【15分】

係数が実数の 4 次方程式
$$x^4 + ax^3 + bx^2 + cx + d = 0 \qquad \cdots\cdots①$$
が，$x = 1 + \sqrt{3}\,i$ を解にもつとする。

(1)
$$(1+\sqrt{3}\,i)^2 = \boxed{\text{アイ}} + \boxed{\text{ウ}}\sqrt{\boxed{\text{エ}}}\,i$$

$$(1+\sqrt{3}\,i)^3 = \boxed{\text{オカ}}$$

$$(1+\sqrt{3}\,i)^4 = \boxed{\text{キク}} - \boxed{\text{ケ}}\sqrt{\boxed{\text{コ}}}\,i$$

である。

(2) $x = 1 + \sqrt{3}\,i$ が解であることから，①の左辺は $x^2 - \boxed{\text{サ}}\,x + \boxed{\text{シ}}$ で割り切れ，$c,\ d$ は $a,\ b$ を用いて
$$c = \boxed{\text{ス}} - \boxed{\text{セ}}\,b, \qquad d = \boxed{\text{ソ}}\,a + \boxed{\text{タ}}\,b$$
と表される。このとき①の左辺は
$$\left(x^2 - \boxed{\text{サ}}\,x + \boxed{\text{シ}}\right)\left\{x^2 + \left(a + \boxed{\text{チ}}\right)x + \boxed{\text{ツ}}\,a + b\right\}$$
と因数分解される。

(3) 方程式①が二つの実数解 $\alpha,\ 2\alpha$ と二つの虚数解をもち，かつ四つの解の和が -1 であるならば
$$a = \boxed{\text{テ}}, \qquad b = \boxed{\text{ト}}, \qquad c = \boxed{\text{ナ}}, \qquad d = \boxed{\text{ニ}}$$
である。

(下書き用紙)

12   §1   いろいろな式

★★★8   【15分】

3次の整式 $f(x)$ と2次の整式 $g(x)$ は，次の条件(A),(B),(C)を満たしている。

(A)　$f(x)$ を $g(x)$ で割ると，商が $x-2$，余りが $4x+2$ である

(B)　$f(x)-(x+4)g(x)$ は $x+2$ で割り切れる

(C)　不等式 $g(x) \leqq 5$ の解は $-3 \leqq x \leqq 1$ である

このとき，$f(x)$ と $g(x)$ を求めよう。

条件(A)から，$f(x)$ は

$$f(x) = \left(x - \boxed{\text{ア}}\right)g(x) + \boxed{\text{イ}}\,x + \boxed{\text{ウ}}$$

と表される。これと条件(B)から

$$f(-2) = \boxed{\text{エオ}}, \qquad g(-2) = \boxed{\text{カキ}}$$

である。また，条件(C)から，$g(x)$ は正の数 a を用いて

$$g(x) = a\left(x - \boxed{\text{ク}}\right)\left(x + \boxed{\text{ケ}}\right) + \boxed{\text{コ}}$$

と表される。

よって，$a = \boxed{\text{サ}}$ であり

$$g(x) = \boxed{\text{シ}}\,x^2 + \boxed{\text{ス}}\,x - \boxed{\text{セ}}$$

$$f(x) = \boxed{\text{ソ}}\,x^3 - \boxed{\text{タ}}\,x + \boxed{\text{チ}}$$

を得る。

(次ページに続く。)

13

$g(x) = \boxed{シ}\ x^2 + \boxed{ス}\ x - \boxed{セ}$ から，n を 2 以上の自然数として，$\{g(x)\}^n$ について考える。

$\{g(x)\}^n$ の次数を m とすると，$m = \boxed{ツ}$ であり，$\{g(x)\}^n$ を展開して整理すると，x^m の項の係数は $\boxed{テ}$ である。

式いろいろな

$\{g(x)\}^n$ を展開して整理したときの x^{m-2} の項の係数を求めてみよう。

$\{g(x)\}^n = \left\{ \left(\boxed{シ}\ x^2 + \boxed{ス}\ x \right) - \boxed{セ} \right\}^n$ と考えて二項定理で展開すると

$$\{g(x)\}^n = \left(\boxed{シ}\ x^2 + \boxed{ス}\ x \right)^n$$
$$- \boxed{ト}\left(\boxed{シ}\ x^2 + \boxed{ス}\ x \right)^{n-1} \cdot \boxed{セ}$$
$$+ \boxed{ナ}\left(\boxed{シ}\ x^2 + \boxed{ス}\ x \right)^{n-2} \cdot \left(\boxed{セ} \right)^2$$
$$+ \cdots + \left(- \boxed{セ} \right)^n$$

となる。

$\left(\boxed{シ}\ x^2 + \boxed{ス}\ x \right)^n$ を展開して整理すると，x^{m-2} の項の係数は $\boxed{ニ}$ であり，

$\left(\boxed{シ}\ x^2 + \boxed{ス}\ x \right)^{n-1}$ を展開して整理すると，x^{m-2} の項の係数は $\boxed{ヌ}$ である。

これら以外に x^{m-2} の項はないから，$\{g(x)\}^n$ を展開して整理すると，x^{m-2} の項の係数は

$$\boxed{ネ}\left(\boxed{ノ}\ n^2 - \boxed{ハ}\ n \right)$$

である。

$\boxed{ツ} \sim \boxed{ネ}$ の解答群(同じものを繰り返し選んでもよい。)

⓪ 0	① n	② $2n$	③ $\dfrac{n(n-1)}{2}$	④ 2^{n-1}
⑤ 2^n	⑥ 2^{n+1}	⑦ $2^{n-1}n(n-1)$	⑧ $2^n n(n-1)$	⑨ $2^{n+1}n(n-1)$

§2 図形と方程式

★9 【15分】

3本の直線 ℓ, m, n がある。ℓ, m の方程式は

$$\ell : y = 2x - 4$$
$$m : y = -x - 1$$

であり，ℓ と n は直線 $y = x$ に関して対称である。

(1) n の方程式は $y = \dfrac{\boxed{ア}}{\boxed{イ}}x + \boxed{ウ}$ である。

以下，ℓ, m, n で囲まれる三角形を D とする。

(2) D の面積は $\dfrac{\boxed{エオ}}{\boxed{カ}}$ である。

(3) 三角形 D の外接円の方程式は

$$x^2 + y^2 - \boxed{キ}x - \boxed{ク}y - \boxed{ケ} = 0$$

である。

また，三角形 D の内接円の中心の x 座標は $\dfrac{\sqrt{\boxed{コサ}} - \boxed{シ}}{\boxed{ス}}$ である。

（次ページに続く。）

15

(4) 太郎さんと花子さんは，次の**問題**について考えている。二人の会話を読み，下の問いに答えよ。

問題 点 $P(x, y)$ が三角形 D の周および内部を動くとき，$\dfrac{y}{x+4}$ の最大値と最小値を求めよ。

太郎：D 内の点をいくつかとって調べてみると

$$(x, y) = (1, 2) \text{ のとき} \quad \frac{y}{x+4} = \frac{2}{5}$$

$$(x, y) = (-1, 1) \text{ のとき} \quad \frac{y}{x+4} = \frac{1}{3}$$

となるね。

花子：$\dfrac{y}{x+4} = k$ とおくと，$y = k(x+4)$ ……① となるから，k は $\boxed{セ}$ を表しているよ。

太郎：ということは，k の最大値は $\dfrac{\boxed{ソ}}{\boxed{タ}}$ で，最小値は $\dfrac{\boxed{チツ}}{\boxed{テ}}$ になるね。

花子：最小値を取るときの点 P の座標は $\left(\boxed{ト}, \boxed{ナニ}\right)$ だね。

（i） $\boxed{セ}$ に当てはまるものを，次の ⓪ 〜 ③ のうちから一つ選べ。

- ⓪ 直線①と x 軸の交点の x 座標
- ① 直線①と y 軸の交点の y 座標
- ② 点 $(4, 0)$ を通る直線の傾き
- ③ 点 $(-4, 0)$ を通る直線の傾き

（ii） $\boxed{ソ}$ 〜 $\boxed{ナニ}$ に当てはまる数を答えよ。

16   §2   図形と方程式

★*10* 【10分】

座標平面上に円 $C : x^2 + y^2 - 4ax + 2ay + 10a - 50 = 0$ がある。

C の中心の座標は

$$\left(\boxed{ア} \, a, \quad \boxed{イ} \, a \right)$$

であり，円 C は a の値によらず2定点

$$\text{A} \left(\boxed{ウ}, \quad \boxed{エ} \right), \quad \text{B} \left(\boxed{オカ}, \quad \boxed{キク} \right)$$

を通る。

点 A，点 B における円 C の接線の傾きはそれぞれ

$$\frac{\boxed{ケ} \, a - \boxed{コ}}{a + \boxed{サ}}, \quad \frac{\boxed{シ} \, a + \boxed{ス}}{a - \boxed{セ}}$$

である。ただし，分母が0となる場合は除いて考えるものとする。

この2定点 A，B における円 C の2本の接線が直交するならば

$$a = \boxed{ソ} \quad \text{または} \quad a = \boxed{タチ}$$

である。また，点 A における円 C の接線が原点を通れば

$$a = \boxed{ツテ}$$

である。

★★ *11* 【12分】

$a>0$ とし，xy 平面上に二つの円

$$C_1 : x^2 + y^2 = 5$$
$$C_2 : (x-a)^2 + (y-a)^2 = 20$$

がある。C_1 と C_2 はともに直線 ℓ に接している。

(1) C_1 と ℓ が，点 A$(-1,\ 2)$ で接しているとき，ℓ の方程式は

$$x - \boxed{\text{ア}}\,y + \boxed{\text{イ}} = 0$$

であり

$$a = \boxed{\text{ウエ}}$$

である。このとき C_2 と ℓ の接点 B の座標は

$$\left(\boxed{\text{オカ}}\ ,\ \boxed{\text{キク}} \right)$$

である。

また，点 P が C_2 上を動くとき，三角形 ABP の面積の最大値は $\boxed{\text{ケコ}}$ である。

(2) C_1 と C_2 が点 Q でともに ℓ に接しているとき

$$a = \dfrac{\boxed{\text{サ}}\sqrt{\boxed{\text{シス}}}}{\boxed{\text{セ}}} \quad \text{または} \quad \dfrac{\sqrt{\boxed{\text{ソタ}}}}{\boxed{\text{チ}}}$$

であり，点 Q の x 座標は

$$\pm \dfrac{\sqrt{\boxed{\text{ツテ}}}}{\boxed{\text{ト}}}$$

である。

18   §2 図形と方程式

★★*12* 【12分】

O を原点とする座標平面上に，円 C と直線 ℓ があり

$$C : x^2 + y^2 - 6x + 2y - 6 = 0$$
$$\ell : y = ax - a$$

である。

(1) C は

中心 A$\left(\boxed{\text{ア}} , \boxed{\text{イウ}} \right)$

半径 $\boxed{\text{エ}}$

の円であり，a がどのような値をとっても ℓ はつねに

点$\left(\boxed{\text{オ}} , \boxed{\text{カ}} \right)$

を通る。

また，C と ℓ は $\boxed{\text{キ}}$ 。

$\boxed{\text{キ}}$ の解答群

⓪ a の値にかかわらず 2 点で交わる
① a の値にかかわらず 1 点で接する
② a の値によって，交わることも接することもある

A と ℓ との距離は

$$\frac{\left| \boxed{\text{ク}} a + \boxed{\text{ケ}} \right|}{\sqrt{a^2 + \boxed{\text{コ}}}}$$

である。

C が ℓ から切りとる線分の長さが $2\sqrt{15}$ であるとき

$$a = \boxed{\text{サ}} \quad \text{または} \quad \frac{\boxed{\text{シス}}}{\boxed{\text{セ}}}$$

である。

（次ページに続く。）

19

　先生が(1)の問題に関連した質問を太郎さんと花子さんにしている。三人の会話を読み，下の問いに答えよ。

先生：$a=1$ のとき ℓ は $x-y-1=0$ となります。C と ℓ から，k を実数として方程式
$$x^2+y^2-6x+2y-6+k(x-y-1)=0 \qquad \cdots\cdots①$$
　　　を作ると，①で表される図形 D はどのような図形になるかわかりますか。

太郎：①は
$$x^2+y^2+(k-6)x-(k-2)y-k-6=0$$
　　　となるから，D は円になるのかな。

先生：そうですね。どのような円になるのか，考えてみましょう。

花子：(1)で，ℓ は a の値にかかわらず点 $\left(\boxed{\text{オ}} , \boxed{\text{カ}} \right)$ を通ることを調べたから，同じように考えると，D は k の値にかかわらず，C と ℓ の二つの交点を通りますね。

先生：よくわかりましたね。方程式①で表される図形 D は，C と ℓ の二つの交点を通る円になります。

太郎：C と ℓ の二つの交点と点 $(1,\ 1)$ を通る円は，中心が $\left(\boxed{\text{ソ}} , \boxed{\text{タチ}} \right)$，半径が $\boxed{\text{ツ}}\sqrt{\boxed{\text{テ}}}$ の円になりますね。

（2）$\boxed{\text{ソ}} \sim \boxed{\text{テ}}$ に当てはまる数を答えよ。

20　§2　図形と方程式

★★*13* 【15分】

座標平面上の3点 A$(-3, 1)$, B$(1, -1)$, C$(5, 7)$ を通る円を S とし，その中心を D とする。

(1) 直線 AB の傾きは $\dfrac{\boxed{アイ}}{\boxed{ウ}}$ であり，直線 BC の傾きは $\boxed{エ}$ であるから

$\angle\text{ABC}=\dfrac{\pi}{\boxed{オ}}$ に等しい。

したがって，S の中心 D の座標は $\left(\boxed{カ}, \boxed{キ}\right)$，半径は $\boxed{ク}$ であり，

S の方程式は

$$\left(x-\boxed{カ}\right)^2+\left(y-\boxed{キ}\right)^2=\boxed{ケコ}$$

である。

k を正の定数とする。点 $(0, k)$ を通り S に接する2本の直線が直交するとき，k

の値は $\boxed{サシ}$ であり，2本の直線の傾きは $\dfrac{\boxed{ス}}{\boxed{セ}}$ および $-\dfrac{\boxed{ソ}}{\boxed{タ}}$ である。

(2) S 上の A，B とは異なる点を P とする。三角形 ABP の面積が最大となるとき，P の座標は

$$\left(\boxed{チ}+\sqrt{\boxed{ツ}}, \boxed{テ}+\boxed{ト}\sqrt{\boxed{ナ}}\right)$$

であり，三角形 ABP の面積の最大値は

$$\boxed{ニヌ}+\boxed{ネ}\sqrt{\boxed{ノ}}$$

である。

★★ *14* 【15分】

連立不等式
$$\begin{cases} x^2+y^2-25 \leqq 0 \\ x-2y+5 \leqq 0 \end{cases}$$
で表される領域を D とする。

(1) 円 $x^2+y^2=25$ と直線 $x-2y+5=0$ との交点の座標は $\left(\boxed{\text{アイ}}, \boxed{\text{ウ}}\right)$, $\left(\boxed{\text{エ}}, \boxed{\text{オ}}\right)$ である。

(2) 点 (x, y) が D を動くとき，$y-x$ の

最大値は $\boxed{\text{カ}}\sqrt{\boxed{\text{キ}}}$

最小値は $\boxed{\text{ク}}$

である。

(3) 定点 $O(0, 0)$，$A(a, a)(a \neq 0)$ に対して，点 P は $AP:PO=1:\sqrt{2}$ を満たしながら動く。このとき，P の軌跡は

$$\left(x-\boxed{\text{ケ}}\,a\right)^2+\left(y-\boxed{\text{コ}}\,a\right)^2=\boxed{\text{サ}}\,a^2$$

で表される円である。この円の中心が直線 $x-2y+5=0$ 上にあるとき $a=\dfrac{\boxed{\text{シ}}}{\boxed{\text{ス}}}$

である。

$a=\dfrac{\boxed{\text{シ}}}{\boxed{\text{ス}}}$ とする。P が領域 D にあるとき，P の x 座標を X とすると，X の値

の範囲は

$$\boxed{\text{セ}} \leqq X \leqq \boxed{\text{ソ}}-\boxed{\text{タ}}\sqrt{\boxed{\text{チ}}}$$

である。

22   §2 図形と方程式

★★★ *15* 【15分】

座標平面において，原点 O を中心とする半径 1 の円を C_1，原点 O を中心とする半径 2 の円を C_2 とする。また，同じ平面上に正三角形 PQR があり，次の条件(a)～(c)を満たしているとする。

    (a)　直線 PQ は点 (0，1) において円 C_1 に接する

    (b)　直線 QR は第 3 象限の点において円 C_1 に接する

    (c)　直線 RP は円 C_2 に接する

直線 QR と円 C_1 との接点を S とし，直線 QR と x 軸の交点を T とする。

(1)　円 C_2 の方程式は

$$x^2 + y^2 = \boxed{\text{ア}}$$

である。$\angle \text{OTS} = \dfrac{1}{3}\pi$ であるから $\angle \text{TOS} = \dfrac{\boxed{\text{イ}}}{\boxed{\text{ウ}}}\pi$ であり，点 S の座標は

$$\left(-\frac{\sqrt{\boxed{\text{エ}}}}{\boxed{\text{オ}}}，\ -\frac{\boxed{\text{カ}}}{\boxed{\text{オ}}} \right)$$ である。

直線 QR の方程式は

$$y = -\sqrt{\boxed{\text{キ}}}\, x - \boxed{\text{ク}}$$

である。また，点 Q の座標は $\left(-\sqrt{\boxed{\text{ケ}}}，\ \boxed{\text{コ}} \right)$ であり，この点は円 C_2 の

$\boxed{\text{サ}}$ にある。

また，直線 PR の方程式は

$$y = \sqrt{\boxed{\text{シ}}}\, x - \boxed{\text{ス}}$$

である。

$\boxed{\text{サ}}$ の解答群

⓪　内部	①　周上	②　外部

（次ページに続く。）

(2) 領域 D を，次の三つの領域 D_1, D_2, D_3 の共通部分とする。

D_1：円 C_1 の外部および周
D_2：円 C_2 の内部および周
D_3：正三角形 PQR の内部および周

このとき，領域 D は連立不等式

によって表される。

の解答群（解答の順序は問わない。）

⓪ $x^2+y^2 \geqq 1$　　　① $x^2+y^2 \leqq 1$

② $x^2+y^2 \geqq \boxed{ア}$　　　③ $x^2+y^2 \leqq \boxed{ア}$

④ $y \geqq 1$　　　⑤ $y \leqq 1$

⑥ $y \geqq -\sqrt{\boxed{キ}}\,x - \boxed{ク}$　　　⑦ $y \leqq -\sqrt{\boxed{キ}}\,x - \boxed{ク}$

⑧ $y \geqq \sqrt{\boxed{シ}}\,x - \boxed{ス}$　　　⑨ $y \leqq \sqrt{\boxed{シ}}\,x - \boxed{ス}$

§2 図形と方程式

★★★ 16 【15分】

Oを原点とする座標平面上に2点 A(2, a) ($a>0$), B(0, 6)をとる。三角形OABの重心をG, 直線AGと辺OBとの交点をLとおく。Lの座標は $\left(0, \boxed{ア}\right)$ である。線分OL上にO, Lと異なる点P(0, t)をとり, 直線PGと直線ABとの交点をQとする。

Gの座標は $\left(\dfrac{\boxed{イ}}{\boxed{ウ}}, \dfrac{a+\boxed{エ}}{\boxed{ウ}}\right)$ であるから, PGの方程式は

$$y = \dfrac{a+\boxed{エ}-\boxed{オ}t}{\boxed{カ}}x + t$$

となる。また, ABの方程式は

$$y = \dfrac{\boxed{キ}-\boxed{ク}}{\boxed{ケ}}x + 6$$

であるから, Qの x 座標は

$$\dfrac{\boxed{コサ}-\boxed{シ}t}{\boxed{スセ}-\boxed{ソ}t}$$

である。

(1) $t=2$ のとき, 3点B, P, Qを通る円の中心が第1象限にあり, 半径が $\sqrt{5}$ のとき, この円の中心の座標は $\left(\boxed{タ}, \boxed{チ}\right)$ であり

$$a = \boxed{ツ} + \sqrt{\boxed{テト}}$$

である。

（次ページに続く。）

(2) 三角形 BPQ の面積を S とすると
$$S=\frac{(6-t)^2}{\boxed{ナニ}-\boxed{ヌ}t}$$

で表される。$u=\boxed{ナニ}-\boxed{ヌ}t$ とおくと

$$S=\frac{u}{\boxed{ネ}}+\frac{\boxed{ノ}}{u}+\frac{4}{3}$$

となる。相加平均と相乗平均の関係により

$$\frac{u}{\boxed{ネ}}+\frac{\boxed{ノ}}{u}\geqq \boxed{\frac{ハ}{ヒ}}$$

となり，等号は $u=\boxed{フ}$ のときに成り立つ。$u=\boxed{フ}$ のとき S は最小値 $\boxed{\frac{ヘ}{ホ}}$

をとる。

§3 三角関数

★17 【12分】

(1)

(i) $\cos\dfrac{3}{7}\pi$ と同じ値のものを，次の⓪〜⑦のうちから二つ選べ。ただし，解答の順序は問わない。 ア ， イ

⓪ $\sin\dfrac{\pi}{14}$	① $\sin\dfrac{4}{7}\pi$	② $\cos\dfrac{\pi}{7}$	③ $\cos\dfrac{4}{7}\pi$
④ $-\sin\dfrac{\pi}{14}$	⑤ $-\sin\dfrac{4}{7}\pi$	⑥ $-\cos\dfrac{\pi}{7}$	⑦ $-\cos\dfrac{4}{7}\pi$

(ii) $\tan\dfrac{3}{5}\pi$ と同じ値のものを，次の⓪〜⑦のうちから二つ選べ。ただし，解答の順序は問わない。 ウ ， エ

⓪ $\tan\dfrac{\pi}{5}$	① $\tan\dfrac{2}{5}\pi$	② $-\tan\dfrac{\pi}{5}$	③ $-\tan\dfrac{2}{5}\pi$
④ $\dfrac{1}{\tan\dfrac{\pi}{10}}$	⑤ $\dfrac{1}{\tan\dfrac{3}{10}\pi}$	⑥ $-\dfrac{1}{\tan\dfrac{\pi}{10}}$	⑦ $-\dfrac{1}{\tan\dfrac{3}{10}\pi}$

(2) $y=2\sin 2x$，$y=2\cos(x+\pi)$ のグラフを，下の⓪〜③のうちから一つずつ選べ。

$y=2\sin 2x$ …… オ　　　$y=2\cos(x+\pi)$ …… カ

⓪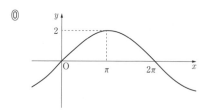

①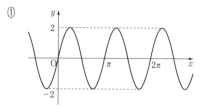

②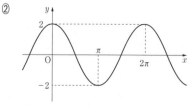

③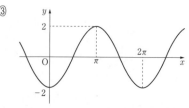

（次ページに続く。）

(3) Oを原点とする座標平面上に,2点A(-1, 0),B(0, 1)と,中心がOで半径が1の円Cがある。円C上にx座標が正である点Pをとり,∠POB=θ ($0<\theta<\pi$)とする。また,円C上にy座標が正である点Qを,つねに∠POQ=$\dfrac{\pi}{2}$となるようにとる。

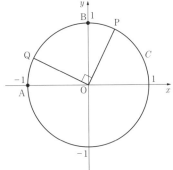

このとき,P,Qの座標をそれぞれθを用いて表すと

P(　キ　,　ク　), Q(　ケ　,　コ　)

である。

キ ～ コ の解答群(同じものを繰り返し選んでもよい。)

⓪ $\sin\theta$	① $\cos\theta$	② $-\sin\theta$	③ $-\cos\theta$
④ $\dfrac{1}{\sin\theta}$	⑤ $\dfrac{1}{\cos\theta}$	⑥ $-\dfrac{1}{\sin\theta}$	⑦ $-\dfrac{1}{\cos\theta}$

θは$0<\theta<\pi$の範囲を動くものとする。このとき線分AQの長さlはθの関数である。関数lのグラフとして適当なものを,次の⓪～③のうちから一つ選べ。　サ

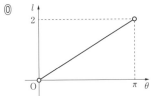

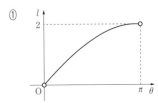

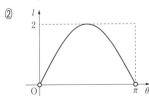

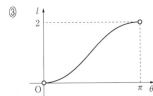

28　§3　三角関数

★*18*　【10分】

α を $0<\alpha<\dfrac{\pi}{2}$ かつ $\tan\alpha+2\sin\alpha=1$ を満たす角とする。このとき

$$\sin\alpha-\cos\alpha=\boxed{\text{アイ}}\,\sin\alpha\cos\alpha$$

であり，$t=\sin\alpha\cos\alpha$ とおくと

$$\boxed{\text{ウ}}\,t^2+\boxed{\text{エ}}\,t=1$$

が成り立つ。さらに

$$\sin 2\alpha=\dfrac{\boxed{\text{オカ}}+\sqrt{\boxed{\text{キ}}}}{\boxed{\text{ク}}}$$

$$\sin^3\alpha-\cos^3\alpha=\dfrac{\boxed{\text{ケコ}}-\sqrt{\boxed{\text{サ}}}}{\boxed{\text{シ}}}$$

$$\sin^2\left(\alpha+\dfrac{\pi}{4}\right)=\dfrac{\boxed{\text{ス}}+\sqrt{\boxed{\text{セ}}}}{\boxed{\text{ソ}}}$$

である。

★*19* 【10分】

座標平面上の直線 $y=2x$ を ℓ とする。原点 O と異なる ℓ 上の点 A を第 1 象限にとり，x 軸に関して A と対称な点を B，ℓ に関して B と対称な点を C とする。

このとき，直線 AB と x 軸との交点を D，$\angle \text{AOD}=\theta$ とすると

$$\tan \theta = \boxed{\ \text{ア}\ }, \qquad \cos \theta = \sqrt{\dfrac{\boxed{\ \text{イ}\ }}{\boxed{\ \text{ウ}\ }}}$$

であり

$$\cos 2\theta = \dfrac{\boxed{\ \text{エオ}\ }}{\boxed{\ \text{カ}\ }}$$

である。また

$$\dfrac{\triangle \text{OAB}}{\triangle \text{OBC}} = -\dfrac{\sin \boxed{\ \text{キ}\ } \theta}{\sin \boxed{\ \text{ク}\ } \theta} = \dfrac{\boxed{\ \text{ケ}\ }}{\boxed{\ \text{コ}\ }}$$

である。

三角関数

30 §3 三角関数

★★*20* 【12分】

二つの関数

$$f(x) = \sqrt{6}\sin x + \sqrt{2}\cos x$$
$$g(x) = \sqrt{6}\cos x - \sqrt{2}\sin x$$

を考える。

(1) それぞれを合成すると

$$f(x) = \boxed{\text{ア}}\sqrt{\boxed{\text{イ}}}\sin\left(x + \boxed{\text{ウ}}\right)$$

$$g(x) = \boxed{\text{ア}}\sqrt{\boxed{\text{イ}}}\sin\left(x + \boxed{\text{エ}}\right)$$

と表せる。

$\boxed{\text{ウ}}$, $\boxed{\text{エ}}$ の解答群

⓪ $\dfrac{\pi}{6}$	① $\dfrac{\pi}{4}$	② $\dfrac{\pi}{3}$	③ $\dfrac{\pi}{2}$	④ $\dfrac{2\pi}{3}$	⑤ $\dfrac{3\pi}{4}$	⑥ $\dfrac{5\pi}{6}$

(2) $0 \leqq x \leqq \pi$ のとき，$f(x)$ は $x = \boxed{\text{オ}}$ で最大値 $\boxed{\text{カ}}\sqrt{\boxed{\text{キ}}}$ をとり，

$x = \boxed{\text{ク}}$ で最小値 $\boxed{\text{ケ}}\sqrt{\boxed{\text{コ}}}$ をとる。

$\boxed{\text{オ}}$, $\boxed{\text{ク}}$ の解答群

⓪ 0	① $\dfrac{\pi}{6}$	② $\dfrac{\pi}{4}$	③ $\dfrac{\pi}{3}$	④ $\dfrac{\pi}{2}$
⑤ $\dfrac{2\pi}{3}$	⑥ $\dfrac{3\pi}{4}$	⑦ $\dfrac{5\pi}{6}$	⑧ π	

（次ページに続く。）

(3) $y=f(x)$ のグラフの概形は サ であり，$y=g(x)$ のグラフの概形は シ である。

サ , シ については，最も適当なものを，次の ⓪ ～ ⑤ のうちから一つずつ選べ。

⓪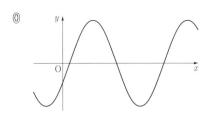

①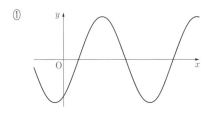

②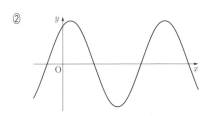

③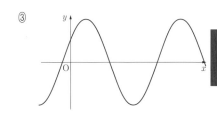

④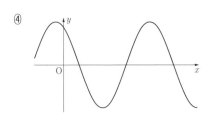

⑤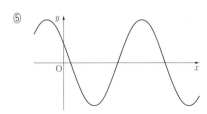

(4) 任意の実数 x に対して
$$f\left(x+\boxed{ス}\right)=g(x)$$
が成り立つ。

ス の解答群

| ⓪ $\dfrac{\pi}{6}$ | ① $\dfrac{\pi}{4}$ | ② $\dfrac{\pi}{3}$ | ③ $\dfrac{\pi}{2}$ | ④ $\dfrac{2\pi}{3}$ | ⑤ $\dfrac{3\pi}{4}$ | ⑥ $\dfrac{5\pi}{6}$ |

32 　§3 　三角関数

★★21 【10分】

$0 \leqq x \leqq 2\pi$ において
$$y = 3\sin x - 2\sin\frac{x}{2} - 2\cos\frac{x}{2}$$
を考える。

$t = \sin\dfrac{x}{2} + \cos\dfrac{x}{2}$ とおくと
$$y = \boxed{\text{ア}}\, t^2 - \boxed{\text{イ}}\, t - \boxed{\text{ウ}}$$
であり，t のとり得る値の範囲は
$$\boxed{\text{エオ}} \leqq t \leqq \sqrt{\boxed{\text{カ}}}$$
であるから，y のとり得る値の範囲は
$$\frac{\boxed{\text{キクケ}}}{\boxed{\text{コ}}} \leqq y \leqq \boxed{\text{サ}}$$
である。

また，$y = -2$ のとき $t = \boxed{\text{シ}}$，$\dfrac{\boxed{\text{スセ}}}{\boxed{\text{ソ}}}$ であるから，$y = -2$ を満たす x の個

数は $\boxed{\text{タ}}$ 個である。

このうち，最小のものは $\boxed{\text{チ}}$，最大のものは $\boxed{\text{ツ}}$ の範囲に含まれる。

$\boxed{\text{チ}}$，$\boxed{\text{ツ}}$ の解答群

⓪ $0 \leqq x < \dfrac{\pi}{6}$ 　 ① $\dfrac{\pi}{6} \leqq x < \dfrac{\pi}{2}$ 　 ② $\dfrac{\pi}{2} \leqq x < \dfrac{2\pi}{3}$ 　 ③ $\dfrac{2\pi}{3} \leqq x < \pi$

④ $\pi \leqq x < \dfrac{4}{3}\pi$ 　 ⑤ $\dfrac{4}{3}\pi \leqq x < \dfrac{3}{2}\pi$ 　 ⑥ $\dfrac{3}{2}\pi \leqq x < \dfrac{11}{6}\pi$ 　 ⑦ $\dfrac{11}{6}\pi \leqq x < 2\pi$

★★ 22 【10分】

$0 \leqq \theta \leqq \pi$ として，θ の関数
$$y = 3\cos^2\theta + 3\sin\theta\cos\theta - \sin^2\theta$$
を考える。

$$y = \frac{\boxed{ア}}{\boxed{イ}}\sin 2\theta + \boxed{ウ}\cos 2\theta + \boxed{エ}$$

$$= \frac{\boxed{オ}}{\boxed{カ}}\sin(2\theta + \alpha) + \boxed{キ}$$

と表せる。ただし

$$\sin\alpha = \frac{\boxed{ク}}{\boxed{ケ}}, \qquad \cos\alpha = \frac{\boxed{コ}}{\boxed{サ}} \qquad \left(0 < \alpha < \frac{\pi}{2}\right)$$

である。したがって，$0 \leqq \theta \leqq \pi$ のとき，y の

$$\text{最大値は} \ \frac{\boxed{シ}}{\boxed{ス}}, \qquad \text{最小値は} \ \frac{\boxed{セソ}}{\boxed{タ}}$$

である。また，最大値をとるときの θ の値を θ_0 とすると

$$\tan 2\theta_0 = \frac{\boxed{チ}}{\boxed{ツ}}$$

である。

34 §3 三角関数

★★★ *23* 【10分】

$0 \leqq \alpha \leqq \pi$ とする。$x \geqq 0$ を満たすすべての x に対して，不等式

$$2x \sin \alpha \cos \alpha - 2(\sqrt{3}x+1)\cos^2 \alpha - \sqrt{2} \cos \alpha + \sqrt{3}x + 2 \geqq 0 \qquad \cdots \cdots ①$$

が成り立つための α の条件を求めてみよう。

①を x について整理すると

$$\left(\sin \boxed{\text{ア}}\, \alpha - \sqrt{\boxed{\text{イ}}} \cos \boxed{\text{ウ}}\, \alpha\right) x - \left(\boxed{\text{エ}} \cos^2 \alpha + \sqrt{\boxed{\text{オ}}} \cos \alpha - \boxed{\text{カ}}\right) \geqq 0$$

と表される。

一般に，x の不等式 $ax+b \geqq 0$ が $x \geqq 0$ において成り立つための a，b の条件は，

$$\boxed{\text{キ}}\ \text{である。}$$

$\boxed{\text{キ}}$ の解答群

⓪ $a \geqq 0$	① $b \geqq 0$	② $a \geqq 0$ かつ $b \geqq 0$	③ $a \geqq 0$ または $b \geqq 0$

$0 \leqq \alpha \leqq \pi$ のとき

$$\sin \boxed{\text{ア}}\, \alpha - \sqrt{\boxed{\text{イ}}} \cos \boxed{\text{ウ}}\, \alpha \geqq 0$$

を満たす α の値の範囲は $\boxed{\text{ク}} \leqq \alpha \leqq \boxed{\text{ケ}}$ である。

$0 \leqq \alpha \leqq \pi$ のとき

$$-\left(\boxed{\text{エ}} \cos^2 \alpha + \sqrt{\boxed{\text{オ}}} \cos \alpha - \boxed{\text{カ}}\right) \geqq 0$$

を満たす α の値の範囲は $\boxed{\text{コ}} \leqq \alpha \leqq \boxed{\text{サ}}$ である。

したがって，$x \geqq 0$ を満たすすべての x に対して不等式①が成り立つための α の条件は

$$\boxed{\text{シ}} \leqq \alpha \leqq \boxed{\text{ス}}$$

である。

$\boxed{\text{ク}} \sim \boxed{\text{ス}}$ の解答群（同じものを繰り返し選んでもよい。）

⓪ 0	① $\dfrac{\pi}{6}$	② $\dfrac{\pi}{4}$	③ $\dfrac{\pi}{3}$	④ $\dfrac{\pi}{2}$
⑤ $\dfrac{2\pi}{3}$	⑥ $\dfrac{3\pi}{4}$	⑦ $\dfrac{5\pi}{6}$	⑧ π	

★★★ 24 【15分】

$0 \leq \theta < 4\pi$ とし，θ の方程式
$$3\cos^2\theta + (3a - \sin\theta)\cos 2\theta + (9a+2)\sin\theta - 3(2a+1) = 0 \quad \cdots\cdots ①$$
を考える。

(1) ①の左辺は
$$\boxed{ア}\sin^3\theta - \left(\boxed{イ}a + \boxed{ウ}\right)\sin^2\theta$$
$$+ \left(\boxed{エ}a + \boxed{オ}\right)\sin\theta - \boxed{カキ}$$

と変形できる。

(2) $a = \dfrac{1}{3}$ のとき，①を満たす θ の個数は $\boxed{ク}$ 個である。このうち小さい方から数えて3番目と4番目のものは，それぞれ

$$\dfrac{\boxed{ケ}}{\boxed{コ}}\pi \quad と \quad \dfrac{\boxed{サシ}}{\boxed{ス}}\pi$$

である。

(3) ①の解 θ の個数は最大で $\boxed{セソ}$ 個ある。

①の解 θ が $\boxed{セソ}$ 個あり，このうち最大の θ が 3π と $\dfrac{11}{3}\pi$ の間（両端を除く）にあるような a のとり得る値の範囲は

である。

36　§4　指数・対数関数

§4　　　指数・対数関数

★*25* 【10分】

〔1〕　次の(1)〜(4)について，大小関係を答えよ。

(1)　$(\sqrt{2})^2$ ┃ ア ┃ $\log_{\sqrt{2}} 2$

(2)　$(\sqrt{2})^4$ ┃ イ ┃ $\log_{\sqrt{2}} 4$

(3)　$(\sqrt{2})^8$ ┃ ウ ┃ $\log_{\sqrt{2}} 8$

(4)　$(\sqrt{2})^{\sqrt{8}}$ ┃ エ ┃ $\log_{\sqrt{2}} \sqrt{8}$

┃ ア ┃，┃ エ ┃の解答群(同じものを繰り返し選んでもよい。)

⓪　$=$	①　$>$	②　$<$

〔2〕　五つの数

$$0, \quad 1, \quad a=\log_4 2^{1.5}, \quad b=\log_4 3^{1.5}, \quad c=\log_4 0.5^{1.5}$$

を小さい順に並べると

┃ オ ┃ $<$ ┃ カ ┃ $<$ ┃ キ ┃ $<$ ┃ ク ┃ $<$ ┃ ケ ┃

である。

$\star$ *26* 【15分】

x, y は，1 でない正の数とし

$$a = \log_x y, \qquad b = \log_{x^2} y^2$$
$$c = \log_y x^4, \qquad d = \log_{y^3} x^2$$

とする。

(1)
$$ac = \boxed{\text{ア}}, \qquad bd = \frac{\boxed{\text{イ}}}{\boxed{\text{ウ}}}$$

であり

$$(a+b)(c+d) = \frac{\boxed{\text{エオ}}}{\boxed{\text{カ}}}$$

である。

(2) $1 < y < x$，$a + d = \dfrac{11}{6}$ のとき

$$a = \frac{\boxed{\text{キ}}}{\boxed{\text{ク}}}$$

であり

$$\frac{4xy}{x\sqrt{x} + 2y^3} = \frac{\boxed{\text{ケ}}}{\boxed{\text{コ}}}$$

である。

(3) $1 < x < \dfrac{1}{\sqrt{y}}$ のとき，b，c，d を大きい順に並べると

$$\boxed{\text{サ}} > \boxed{\text{シ}} > \boxed{\text{ス}}$$

となる。

38   §4 指数・対数関数

★★ *27* 【15分】

実数 x の関数
$$y=8^{x+1}-9\cdot4^{x+1}+27\cdot2^{x+1}-47+27\cdot2^{-x+1}-9\cdot4^{-x+1}+8^{-x+1}$$
の最小値を求めよう。

$t=2^x+2^{-x}$ とおくと
$$4^x+4^{-x}=t^{\boxed{ア}}-\boxed{イ}$$
$$8^x+8^{-x}=t^{\boxed{ウ}}-\boxed{エ}\,t$$

であるから, y を t で表すと
$$y=\boxed{オ}\,t^3-\boxed{カキ}\,t^2+\boxed{クケ}\,t+\boxed{コサ}$$

となる。

これを因数分解して
$$y=\left(\boxed{シ}\,t+\boxed{ス}\right)\left(\boxed{セ}\,t-\boxed{ソ}\right)^2$$

を得る。

x がすべての実数値をとるとき, t の最小値は $\boxed{タ}$ であるから, y は

$$t=\dfrac{\boxed{チ}}{\boxed{ツ}}\ \text{のとき, 最小値}\ \boxed{テ}$$

をとる。$t=\dfrac{\boxed{チ}}{\boxed{ツ}}$ のとき $x=\boxed{ト}$, $\boxed{ナニ}$ である。

39

★★ *28* 【15分】

x の方程式
$$81^x - 2 \cdot 27^{x+\frac{1}{3}} + 11 \cdot 9^x - 2 \cdot 3^{x+1} - 3 = a \qquad \cdots\cdots①$$
を考える。$X = 9^x - 3^{x+1}$ とする。

(1) $t = 3^x$ とおくと
$$X = t^2 - \boxed{ア}\, t$$
であり，$t > \boxed{イ}$ より，X は

$$x = 1 - \log_3 \boxed{ウ} \text{ のとき，最小値 } \frac{\boxed{エオ}}{\boxed{カ}}$$

をとる。

(2) $a = 21$ のとき①は
$$X^2 + \boxed{キ}\, X - \boxed{クケ} = 0$$
と変形できるので，①を満たす解は
$$x = \boxed{コ} \log_3 \boxed{サ}$$
である。

(3) ①が異なる四つの解をもつような a の値の範囲は
$$\boxed{シス} < a < \boxed{セソ}$$
である。

指数・対数関数

40 §4 指数・対数関数

★★★ *29* 【15分】

a を実数とし，x の方程式

$$2\log_9(2x+1)+\log_3(4-x)=\log_3(x+3a)+1 \qquad \cdots\cdots ①$$

を考える。

真数は正であることから

$$\frac{\boxed{アイ}}{\boxed{ウ}}<x<\boxed{エ} \quad \cdots\cdots Ⓐ \quad かつ \quad x>\boxed{オカキ} \quad \cdots\cdots Ⓑ$$

である。

①から $\boxed{ク}$ が成り立つ。

$\boxed{ク}$ の解答群

⓪ $(2x+1)^2+(4-x)=x+3a+1$	① $(2x+1)+(4-x)=x+3a+1$
② $(2x+1)^2(4-x)=3(x+3a)$	③ $(2x+1)(4-x)=3(x+3a)$

x の方程式 $\boxed{ク}$ が実数解をもつとき，その実数解と x の範囲Ⓐ，Ⓑについての記述として正しいものは，次の⓪〜③のうち，$\boxed{ケ}$ と $\boxed{コ}$ である。

$\boxed{ケ}$ ，$\boxed{コ}$ の解答群（解答の順序は問わない。）

> ⓪ Ⓐを満たすが，Ⓑを満たさない解が存在する。
> ① Ⓑを満たすが，Ⓐを満たさない解が存在する。
> ② ⒶとⒷをどちらも満たさない解が存在する。
> ③ Ⓐを満たす解はⒷを満たす。

（次ページに続く。）

(1) ①が $x=\dfrac{1}{2}$ を解にもつとき，$a=\dfrac{サシ}{スセ}$ であり，このとき，$x=\dfrac{1}{2}$ 以外の解は $x=\dfrac{ソ}{タ}$ である。

(2) ①が実数解をもつような a の値の範囲は

$$\dfrac{チツ}{テ} < a \leqq \dfrac{ト}{ナ}$$

である。
　また，①が異なる二つの実数解をもつような a の値の範囲は

$$\dfrac{ニ}{ヌ} < a < \dfrac{ネ}{ノ}$$

であり，この二つの実数解のうち大きい方の解のとり得る値の範囲は

$$ハ < x < \dfrac{ヒ}{フ}$$

である。

42 §4 指数・対数関数

★★★ *30* 【15分】

〔1〕 $f(x) = \dfrac{2^x + 4}{8}$ とする。

(1) $y = f(x)$ のグラフは $y = 2^x$ のグラフを x 軸方向に ┃ ア ┃，y 軸方向に ┃ イ ┃ だ
け平行移動したものである。

┃ ア ┃，┃ イ ┃ の解答群

⓪ -4	① -3	② -2	③ $-\dfrac{1}{2}$
④ $\dfrac{1}{2}$	⑤ 2	⑥ 3	⑦ 4

(2) 次の⓪～⑥のうち，$y = f(x)$ のグラフについて正しく記述したものは ┃ ウ ┃，
┃ エ ┃，┃ オ ┃である。

┃ ウ ┃～┃ オ ┃ の解答群(解答の順序は問わない。)

⓪ p，q を実数とするとき，$p < q$ ならば，$f(p) < f(q)$ が成り立つ。
① p，q を実数とするとき，$p < q$ ならば，$f(p) > f(q)$ が成り立つ。
② p，q を実数とするとき，$f(p) < f(q)$ ならば，$p < q$ が成り立つ。
③ p，q を実数とするとき，$f(p) < f(q)$ ならば，$p > q$ が成り立つ。
④ 座標平面の四つの象限のうち三つの象限を通る。
⑤ 直線 $y = x - 3$ と共有点をもつ。
⑥ 直線 $y = x + 1$ と共有点をもつ。

(3) 不等式 $f(x) > 1$ の解は $x >$ ┃ カ ┃である。また，不等式 $f(x) > 4^{x-2}$ の解は
$x <$ ┃ キ ┃である。

(4) 次の⓪～④のうち，方程式 $f(x) = k$ の解が存在するような定数 k の値は
┃ ク ┃と┃ ケ ┃である。

┃ ク ┃，┃ ケ ┃ の解答群(解答の順序は問わない。)

⓪ $k = 100$	① $k = 1$	② $k = \dfrac{1}{2}$	③ $k = -2$	④ $k = -4$

(次ページに続く。)

〔2〕 $g(x) = \log_{\frac{1}{2}}\left(\dfrac{x}{4} - 1\right)$ とする。

(1) $y = g(x)$ のグラフは $y = \log_{\frac{1}{2}} x$ のグラフを x 軸方向に $\boxed{コ}$ ，y 軸方向に $\boxed{サ}$ だけ平行移動したものである。

$\boxed{コ}$ ，$\boxed{サ}$ の解答群

⓪ -4	① -2	② -1	③ $-\dfrac{1}{2}$	④ $-\dfrac{1}{4}$
⑤ $\dfrac{1}{4}$	⑥ $\dfrac{1}{2}$	⑦ 1	⑧ 2	⑨ 4

(2) 次の⓪～⑥のうち，$y = g(x)$ のグラフについて正しく記述したものは $\boxed{シ}$ と $\boxed{ス}$ である。

$\boxed{シ}$ ，$\boxed{ス}$ の解答群（解答の順序は問わない。）

⓪ p, q を 4 より大きい実数とするとき，$p < q$ ならば，$g(p) < g(q)$ が成り立つ。
① p, q を 4 より大きい実数とするとき，$p < q$ ならば，$g(p) > g(q)$ が成り立つ。
② p, q を 4 より大きい実数とするとき，$g(p) < g(q)$ ならば，$p < q$ が成り立つ。
③ p, q を 4 より大きい実数とするとき，$g(p) < g(q)$ ならば，$p > q$ が成り立つ。
④ 座標平面の四つの象限のうち三つの象限を通る。
⑤ 直線 $x = 4$ と共有点を 1 個もつ。
⑥ 直線 $y = x$ と共有点を 2 個もつ。

(3) 不等式 $g(x) > 1$ の解は $\boxed{セ} < x < \boxed{ソ}$ である。

また，不等式 $g(x) > \log_{\frac{1}{4}}(x+1)$ の解は $\boxed{タ} < x < \boxed{チツ}$ である。

(4) 方程式 $g(x) + g(2x) = -1$ の解は $x = \boxed{テ} + \sqrt{\boxed{トナ}}$ である。

44   §4 指数・対数関数

★★★ *31* 【15分】

(1) $x>0$, $y>0$, $x+2y=2$ のとき

$$\log_{10}\frac{x}{5}+\log_{10}y$$

は，$x=\boxed{\text{ア}}$，$y=\dfrac{\boxed{\text{イ}}}{\boxed{\text{ウ}}}$ で最大値 $\boxed{\text{エオ}}$ をとる。

(2) $x>0$, $y>0$, $x-2y=0$ のとき

$$\left(\log_6\frac{x}{3}\right)(\log_6 y)$$

は，$x=\sqrt{\boxed{\text{カ}}}$，$y=\dfrac{\sqrt{\boxed{\text{カ}}}}{2}$ で最小となる。

(3) $x>1$, $y>1$ として，$a=\log_4 x$, $b=\log_8 y$ とする。

$2a+3b=3$ ならば，$x+y$ の最小値は $\boxed{\text{キ}}\sqrt{\boxed{\text{ク}}}$ である。

また，$ab=\dfrac{2}{3}$ ならば，xy の最小値は $\boxed{\text{ケコ}}$ である。

(4) $0<x\leqq 1$, $y>0$ で，x, y が

$$(\log_{10}x)^2+(\log_{10}y)^2=\log_{10}x^2+\log_{10}y^4$$

を満たすとする。

$X=\log_{10}x$, $Y=\log_{10}y$ とおくと

$$\left(X-\boxed{\text{サ}}\right)^2+\left(Y-\boxed{\text{シ}}\right)^2=\boxed{\text{ス}}$$

が成り立ち，$\log_{10}x^3 y$ の

最大値は $\boxed{\text{セ}}$

最小値は $\boxed{\text{ソ}}-\boxed{\text{タ}}\sqrt{\boxed{\text{チ}}}$

である。

★★ 32 【15分】

(1) 10を底とする対数を常用対数という。

$$\log_{10} 1 = \boxed{ア}, \quad \log_{10} 10 = \boxed{イ}$$

$$\log_{10} 0.1 = \boxed{ウ}, \quad \log_{10} 0.01 = \boxed{エ}$$

である。

$\boxed{ア} \sim \boxed{エ}$ の解答群

| ⓪ -2 | ① -1 | ② $-\dfrac{1}{2}$ | ③ 0 | ④ $\dfrac{1}{2}$ | ⑤ 1 | ⑥ 2 |

(2) $a = \log_{10} 2$, $b = \log_{10} 3$ とすると，次の常用対数は a, b を用いて

$$\log_{10} 0.04 = \boxed{オカ} - \boxed{キ}, \quad \log_{10} 0.96 = \boxed{クケ} + \boxed{コ} - \boxed{サ}$$

と表せる。

(3) 光を通すとその強さが1枚につき4%減るガラス板Aがある。

ガラス板Aをn枚重ねたときに通る光の強さは $\boxed{シ}$ %になる。

$\boxed{シ}$ の解答群

| ⓪ $4n$ | ① $100 - 4n$ | ② 4^n | ③ $100 - 4^n$ |
| ④ $96n$ | ⑤ $0.96n$ | ⑥ 0.96^n | ⑦ $0.96^n \times 100$ |

以上のことから，ガラス板Aを何枚重ねると通る光の強さが半分以下になるかを計算してみよう。

ガラス板Aをn枚重ねたときに通る光の強さが50%以下になるのは $\boxed{シ} \leqq 50$ を満たすときである。したがって，$\boxed{スセ}$ 枚以上であることがわかる。必要であれば，$\log_{10} 2 = 0.301$, $\log_{10} 3 = 0.477$ を用いてよい。

光を通すとその強さが1枚につき20%減るガラス板Bがある。

ガラス板Bを5枚重ねると，通る光の強さは元の光の強さの $\boxed{ソ}$ になる。

$\boxed{ソ}$ の解答群

⓪ 0%	① 10%未満	② 10%以上20%未満
③ 20%以上30%未満	④ 30%以上40%未満	⑤ 40%以上50%未満
⑥ 50%以上60%未満	⑦ 60%以上70%未満	⑧ 70%以上80%未満

46   §5 微分・積分の考え

| §5 | 微分・積分の考え |

★**33** 【15分】

3次関数 $f(x) = ax^3 + bx^2 + cx + d \ (a \neq 0)$ について，次の各問いに答えよ。

(1) x が1から $1+h$ まで変化するときの $f(x)$ の平均変化率は ア　，$x=1$ におけ

る $f(x)$ の微分係数は イ　である。

ア　，イ　の解答群

| ⓪ $f(1+h) - f(1)$ | ① $\dfrac{f(1+h)}{1+h}$ | ② $\dfrac{f(1+h) - f(1)}{h}$ |
| ③ $\displaystyle\lim_{h \to 0}\{f(1+h) - f(1)\}$ | ④ $\displaystyle\lim_{h \to 0}\dfrac{f(1+h)}{1+h}$ | ⑤ $\displaystyle\lim_{h \to 0}\dfrac{f(1+h) - f(1)}{h}$ |

(2) 関数 $f(x)$ が極値をもつ条件は ウ　である。

ウ　の解答群

⓪ $a > 0$	① $b^2 - 4ac < 0$	② $b^2 - 4ac \leqq 0$
③ $b^2 - 4ac > 0$	④ $b^2 - 4ac \geqq 0$	⑤ $b^2 - 3ac < 0$
⑥ $b^2 - 3ac \leqq 0$	⑦ $b^2 - 3ac > 0$	⑧ $b^2 - 3ac \geqq 0$

(3) $f'(1) < 0$ かつ $f'(2) > 0$ であるとする。次の⓪～⑤のうち，正しい記述は エ

と オ　である。

エ　，オ　の解答群（解答の順序は問わない。）

⓪ $f(x)$ は $1 < x < 2$ の範囲において増加する。
① $f(x)$ は $1 < x < 2$ の範囲において減少する。
② $f(x)$ は $1 < x < 2$ の範囲において極小値をとる。
③ $f(x)$ は $1 < x < 2$ の範囲において極大値をとる。
④ $f(x)$ は $x < 1$ または $2 < x$ の範囲において極小値をとる。
⑤ $f(x)$ は $x < 1$ または $2 < x$ の範囲において極大値をとる。

（次ページに続く。）

(4) 関数 $f(x)$ は $x=0$ で極小値 -4 をとり，$x=4$ で極大値をとる。このとき

$$b=\boxed{\text{カキ}}\,a, \quad c=\boxed{\text{ク}}, \quad d=\boxed{\text{ケコ}}$$

である。

$0\leqq x\leqq a$ における最小値が -4 となるような正の定数 a の値の範囲は

$$0<a\leqq\boxed{\text{サ}}$$

である。

$-1\leqq x\leqq 1$ における最大値が 3 のとき，$a=\boxed{\text{シス}}$ である。

(5) $a=\boxed{\text{シス}}$，$b=\boxed{\text{カキ}}\,a$，$c=\boxed{\text{ク}}$，$d=\boxed{\text{ケコ}}$ とする。

曲線 $y=f(x)$ の接線を ℓ とおく。

ℓ の傾きが 9 のとき，接点の座標は

$$\left(\boxed{\text{セ}}\,,\,\boxed{\text{ソ}}\right) \quad または \quad \left(\boxed{\text{タ}}\,,\,\boxed{\text{チツ}}\right)$$

である。

また，傾きが m であるような ℓ が 1 本しか存在しないのは

$$m=\boxed{\text{テト}}$$

のときであり，このとき ℓ の方程式は

$$y=\boxed{\text{テト}}\,x-\boxed{\text{ナニ}}$$

である。

★34 【10分】

関数 $f(x)=x^3-3ax^2+b$ について考える。ただし，$a \ne 0$ とする。
$f'(x)=0$ を満たす x の値は

$$x = \boxed{ア}, \boxed{イウ}$$

である。

関数 $y=f(x)$ が $x=p$ で極大値(極小値)をとるとき，点 $(p, f(p))$ を極大点(極小点)という。

(1) コンピューターのグラフソフトを使って，$y=f(x)$ のグラフが a, b の値によって，どのように変化するかを調べた。

b の値は変えずに

a の値を 1 から 1.5 まで 0.1 刻みに増加させたとき

a の値を -1 から -1.5 まで 0.1 刻みに減少させたとき

($\boxed{エ}$ ～ $\boxed{キ}$ の解答群($\boxed{エ}$ と $\boxed{オ}$ ， $\boxed{カ}$ と $\boxed{キ}$ の解答の順序は問わない。また，同じものを繰り返し選んでもよい。)

⓪ グラフは動かない。
① 極大点，極小点はどちらもない。
② 極大点は動かない。
③ 極大点は上がっていく。
④ 極大点は下がっていく。
⑤ 極小点は動かない。
⑥ 極小点は上がっていく。
⑦ 極小点は下がっていく。

(次ページに続く。)

(2) 極大点が第2象限にある条件は $\boxed{\text{ク}}$ である。

極小点が第4象限にある条件は $\boxed{\text{ケ}}$ である。

ただし、x軸、y軸はどの象限にも属さないものとする。

$\boxed{\text{ク}}$, $\boxed{\text{ケ}}$ の解答群

⓪	$a>0$ かつ $b>2a^3$	①	$a>0$ かつ $b<2a^3$
②	$a<0$ かつ $b>2a^3$	③	$a<0$ かつ $b<2a^3$
④	$a>0$ かつ $b>4a^3$	⑤	$a>0$ かつ $b<4a^3$
⑥	$a<0$ かつ $b>4a^3$	⑦	$a<0$ かつ $b<4a^3$

(3) 3次方程式 $f(x)=0$ が異なる正の解を2個、負の解を1個もつための条件は $\boxed{\text{コ}}$ である。

$\boxed{\text{コ}}$ の解答群

⓪	$b>0$ かつ $b>2a^3$	①	$b<0$ かつ $b<2a^3$
②	$0<b<2a^3$	③	$2a^3<b<0$
④	$b>0$ かつ $b>4a^3$	⑤	$b<0$ かつ $b<4a^3$
⑥	$0<b<4a^3$	⑦	$4a^3<b<0$

50   §5 微分・積分の考え

★★35 【15分】
$$f(x) = x^3 - 3ax^2 + 6x + 4$$
を考える。

(1) $f(x)$ が極値をもつような a の値の範囲は
$$a < -\sqrt{\boxed{\text{ア}}} \quad \text{または} \quad \sqrt{\boxed{\text{ア}}} < a$$
である。

(2) $f(x)$ が極値をもつときの x の値を α, β とおくと
$$\alpha + \beta = \boxed{\text{イウ}}, \qquad \alpha\beta = \boxed{\text{エ}}$$
が成り立つ。

$f(x)$ の極大値と極小値の和が 0 となるとき
$$a = \boxed{\text{オ}}$$
であり，このとき極大値と極小値の差は
$$\boxed{\text{カ}} \sqrt{\boxed{\text{キ}}}$$
である。

(3) $y = f(x)$ のグラフを C_1 とし，C_1 を x 軸方向に 1，y 軸方向に -5 だけ平行移動したグラフを C_2 とする。

$a = \boxed{\text{オ}}$ のとき，C_1 と C_2 のグラフの交点の x 座標は
$$x = \boxed{\text{ク}}, \quad \boxed{\text{ケ}} \quad \left(\text{ただし}, \boxed{\text{ク}} < \boxed{\text{ケ}} \text{とする}\right)$$
であり，C_1 と C_2 で囲まれた部分の面積は
$$\frac{\boxed{\text{コ}}}{\boxed{\text{サ}}}$$
である。

★★36 【12分】

$a > 0$ として，関数 $f(x)$ を
$$f(x) = \int_{-1}^{x} (t^2 - 2at)\, dt$$
とする．

(1) 曲線 $y = f(x)$ を C とする．C 上の点 $\left(1, \dfrac{\boxed{ア}}{\boxed{イ}}\right)$ における C の接線の方程式は

$$y = \left(\boxed{ウ} - \boxed{エ}a\right)x + \boxed{オ}a - \dfrac{\boxed{カ}}{\boxed{キ}}$$

である．

(2) $f(x)$ の $0 \leqq x \leqq 3$ における最小値を $g(a)$ とおくと

$$g(a) = \begin{cases} \dfrac{\boxed{クケ}}{\boxed{コ}}a^3 + a + \dfrac{\boxed{サ}}{\boxed{シ}} & \left(0 < a < \dfrac{\boxed{ス}}{\boxed{セ}}\right) \\ \boxed{ソタ}a + \dfrac{\boxed{チツ}}{\boxed{テ}} & \left(\dfrac{\boxed{ス}}{\boxed{セ}} \leqq a\right) \end{cases}$$

である．

また，a が $0 < a \leqq 3$ の範囲で変化するとき $g(a)$ の最大値は

$$\dfrac{\boxed{ト}}{\boxed{ナ}}$$

である．

52   §5 微分・積分の考え

★★37 【12分】

　$a \geqq 0$ とする。放物線 $y = -3x^2 + 6x$ と x 軸および 2 直線 $x = a$, $x = a+1$ で囲まれた図形の面積を $f(a)$ とする。

(1) $0 \leqq a \leqq \boxed{\ ア\ }$ のとき

$$f(a) = \boxed{\ イウ\ }\, a^2 + \boxed{\ エ\ }\, a + \boxed{\ オ\ }$$

　　$\boxed{\ ア\ } < a < \boxed{\ カ\ }$ のとき

$$f(a) = \boxed{\ キ\ }\, a^3 - \boxed{\ ク\ }\, a^2 - \boxed{\ ケ\ }\, a + \boxed{\ コ\ }$$

　　$\boxed{\ カ\ } \leqq a$ のとき

$$f(a) = \boxed{\ サ\ }\, a^2 - \boxed{\ シ\ }\, a - \boxed{\ ス\ }$$

　である。

(2) $f(a)$ は

$$a = \frac{\boxed{\ セ\ } + \sqrt{\boxed{\ ソ\ }}}{\boxed{\ タ\ }}\ \text{のとき最小}$$

　となる。

★★ 38 【12分】

O を原点とする座標平面上の放物線 $C: y=\dfrac{1}{2}x(x-1)$ を考える。C 上に点 $A(4,6)$, 点 $P\left(p, \dfrac{1}{2}p(p-1)\right)$ をとる。

(1) C の接線のうち OA に平行なものの方程式は

$$y = \dfrac{\boxed{ア}}{\boxed{イ}}x - \boxed{ウ}$$

である。$0<p<4$ のとき,三角形 OAP の面積の最大値は $\boxed{エ}$ である。

(2) 線分 OA を $1:3$ に内分する点 $M\left(\boxed{オ}, \dfrac{\boxed{カ}}{\boxed{キ}}\right)$ に関して P と対称な点を Q とする。点 P が放物線 C 上を動くとき,点 Q は放物線

$$D: y = \dfrac{\boxed{クケ}}{\boxed{コ}}x^2 + \dfrac{\boxed{サ}}{\boxed{シ}}x + \boxed{ス}$$

上を動く。直線 OA と D の交点のうち,x 座標が負となる点は

$$\left(\boxed{セソ}, \boxed{タチ}\right)$$

であり,直線 OA と D の $\boxed{セソ} \leqq x \leqq 0$ の部分と y 軸によって囲まれた図形の面積は

$$\dfrac{\boxed{ツ}}{\boxed{テ}}$$

である。

54　§5　微分・積分の考え

★★ *39* 【12分】

放物線 $C_1 : y = -x^2 + 2x$ 上に点 $A(a,\ -a^2+2a)$ をとり，A における C_1 の接線を ℓ とする。また，ℓ と y 軸の交点を B とし，B を通る C_1 の接線のうち，ℓ と異なるものを m とする。また，ℓ，m および C_1 で囲まれた図形の面積を S_1 とする。ただし，$a>0$ とする。

(1)　m の方程式は

$$y = \boxed{\ \text{ア}\ }\left(a + \boxed{\ \text{イ}\ }\right)x + a^{\boxed{\text{ウ}}}$$

である。ℓ と m が点 B で直交しているとき

$$a = \sqrt{\dfrac{\boxed{\ \text{エ}\ }}{\boxed{\ \text{オ}\ }}}$$

であり

$$S_1 = \dfrac{\boxed{\ \text{カ}\ }\sqrt{\boxed{\ \text{キ}\ }}}{\boxed{\ \text{クケ}\ }}$$

である。

(2)　放物線 $y = x^2 + px + q$ を C_2 とする。C_2 が 2 点 A，B を通るとき

$$p = \boxed{\ \text{コ}\ } - \boxed{\ \text{サ}\ }\,a$$

であり，このとき C_1 と C_2 で囲まれた図形の面積を S_2 とすると

$$\dfrac{S_2}{S_1} = \dfrac{\boxed{\ \text{シ}\ }}{\boxed{\ \text{スセ}\ }}$$

である。

★★ *40* 【12分】

座標平面上で，中心 A(0, 2)，半径 r の円を C_1，放物線 $y=\dfrac{3}{8}x^2$ を C_2 とする。

C_2 上の第 1 象限の点 $\mathrm{P}\!\left(p,\ \dfrac{3}{8}p^2\right)$ における接線の方程式は

$$y=\dfrac{\boxed{\ \text{ア}\ }}{\boxed{\ \text{イ}\ }}px-\dfrac{\boxed{\ \text{ウ}\ }}{\boxed{\ \text{エ}\ }}p^2$$

である。

C_1 と C_2 が点 P を共有し，この点における接線が一致するとき，点 P の座標は

$$\mathrm{P}\!\left(\dfrac{\boxed{\ \text{オ}\ }}{\boxed{\ \text{カ}\ }},\ \dfrac{\boxed{\ \text{キ}\ }}{\boxed{\ \text{ク}\ }}\right)$$

であり

$$r=\dfrac{\boxed{\ \text{ケ}\ }\sqrt{\boxed{\ \text{コ}\ }}}{\boxed{\ \text{サ}\ }}$$

である。

このとき C_1 の $y\leqq 2$ の部分と C_2 で囲まれた図形の面積は

$$\dfrac{\boxed{\ \text{シ}\ }}{\boxed{\ \text{ス}\ }}\!\left(\dfrac{\boxed{\ \text{セソ}\ }}{\boxed{\ \text{タ}\ }}-\pi\right)$$

である。

微分・積分の考え

§5 微分・積分の考え

★★★ 41 【12分】

a を 0 でない実数，t を正の定数とし，関数 $f(x) = ax(x-t)$ とする。

(1) 関数 $F_1(x)$, $F_2(x)$ は $F_1{}'(x) = F_2{}'(x) = f(x)$, $F_1(t) = 0$, $F_2\left(\dfrac{t}{2}\right) = 0$ を満たしているとする。

$y = F_1(x)$, $y = F_2(x)$ のグラフの概形として適当なものを，次の ⓪〜⑧ のうちから二つずつ選べ。ただし，ア と イ，および ウ と エ の解答の順序は問わない。

$y = F_1(x)$ …… ア , イ

$y = F_2(x)$ …… ウ , エ

⓪  ① 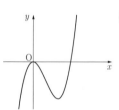 ②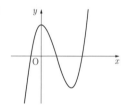

③ 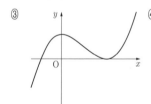 ④ 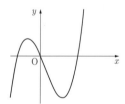 ⑤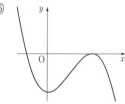

⑥ 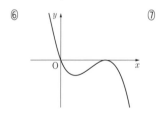 ⑦ 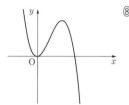 ⑧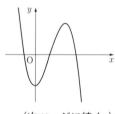

(次ページに続く。)

(2) $a<0$ とする。$y=f(x)$ のグラフと x 軸で囲まれた図形の面積を S，$y=f(x)$ のグラフの $t\leqq x\leqq 2t$ の部分と x 軸，および直線 $x=2t$ で囲まれた図形の面積を T とすると

$$\int_0^t f(x)\,dx=\boxed{\text{オ}}, \qquad \int_t^{2t} f(x)\,dx=\boxed{\text{カ}}, \qquad \int_0^{2t} f(x)\,dx=\boxed{\text{キ}}$$

$$\int_t^0 f(x)\,dx=\boxed{\text{ク}}, \qquad \int_{-t}^t f(x)\,dx=\boxed{\text{ケ}}$$

である。

$\boxed{\text{オ}} \sim \boxed{\text{ケ}}$ の解答群(同じものを繰り返し選んでもよい。)

⓪	S	①	$-S$	②	T	③	$-T$	④	$S-T$	⑤	$T-S$

(3) $a>0$ とする。$\displaystyle\int_0^{2t} |f(x)|\,dx=\boxed{\text{コ}}$ である。

$\boxed{\text{コ}}$ の解答群

⓪ $\displaystyle\int_0^{2t} f(x)\,dx$	① $\displaystyle\int_0^t f(x)\,dx+\int_t^{2t} f(x)\,dx$
② $\displaystyle\int_0^t f(x)\,dx-\int_t^{2t} f(x)\,dx$	③ $\displaystyle-\int_0^t f(x)\,dx+\int_t^{2t} f(x)\,dx$
④ $\displaystyle-\int_0^t f(x)\,dx-\int_t^{2t} f(x)\,dx$	

微分・積分の考え

58　§5　微分・積分の考え

★★★*42*【15分】

O を原点とする座標平面上において

$$放物線\ C：y=3x-x^2$$
$$直線\ \ \ \ \ell：y=ax$$

は，$x>0$ の範囲に共有点をもつという。ただし，$a>0$ とする。

(1)　a のとり得る値の範囲は

$$0<a<\boxed{\ \ \text{ア}\ \ }$$

である。

(2)　C と ℓ で囲まれた図形の面積を S_1 とすると

$$S_1=\frac{\left(\boxed{\ \ \text{イ}\ \ }-a\right)^{\boxed{\text{ウ}}}}{\boxed{\ \ \text{エ}\ \ }}$$

である。また，C と x 軸で囲まれた図形の面積を S_2 とするとき，$S_1：S_2=1：64$ となるのは

$$a=\frac{\boxed{\ \ \text{オ}\ \ }}{\boxed{\ \ \text{カ}\ \ }}$$

のときである。

(3)　C 上の点 $(3，0)$ における C の接線を m とすると，ℓ と m の交点の座標は

$$\left(\frac{\boxed{\ \ \text{キ}\ \ }}{a+\boxed{\ \ \text{ク}\ \ }}，\frac{\boxed{\ \ \text{ケコ}\ \ }}{a+\boxed{\ \ \text{サ}\ \ }}\right)$$

である。C と ℓ と m の三つで囲まれた図形の面積が (2) の S_1 に等しいとき

$$a=\frac{\boxed{\ \ \text{シ}\ \ }}{\boxed{\ \ \text{ス}\ \ }}$$

である。

（次ページに続く。）

(4) C，ℓ および直線 $x=3$ で囲まれた二つの図形の面積の和を T とすると

$$T=-\frac{\boxed{セ}}{\boxed{ソ}}a^3+\boxed{タ}\,a^2-\frac{\boxed{チ}}{\boxed{ツ}}a+\frac{\boxed{テ}}{\boxed{ト}}$$

である。

$0<a<1$ の範囲において，T は $\boxed{ナ}$。

また，$0<a<3$ の範囲における T の最小値は

$$\frac{\boxed{ニ}\left(\boxed{ヌ}-\sqrt{\boxed{ネ}}\right)}{\boxed{ノ}}$$

であり，最小値をとるときの a の値は

$$a=\frac{\boxed{ハ}-\boxed{ヒ}\sqrt{\boxed{フ}}}{\boxed{ヘ}}$$

である。

$\boxed{ナ}$ の解答群

⓪　減少する	①　極小値をとるが，極大値はとらない
②　増加する	③　極大値をとるが，極小値はとらない
④　一定である	⑤　極小値と極大値の両方をとる

微分・積分の考え

§6 数 列

★43 【15分】

数列 $\{a_n\}$ は初項 61, 公差 -2 の等差数列である。

(1) 数列 $\{a_n\}$ の初項から第 n 項までの和を S_n とすると, S_n は $n=\boxed{\text{アイ}}$ のとき, 最大値 $\boxed{\text{ウエオ}}$ をとる。

また, $|a_n|\leqq 61$ を満たす項は $\boxed{\text{カキ}}$ 個あり

$$\sum_{k=1}^{\boxed{\text{カキ}}}|a_k|=\boxed{\text{クケコサ}}$$

である。

(2) 数列 $\{a_n\}$ の連続して並ぶ 6 項のうち, 初めの 4 項の和が次の 2 項の和に等しければ, 6 項のうちの最初の項は $a_{\boxed{\text{シス}}}=\boxed{\text{セソ}}$ である。

(3) m を自然数として, 数列 $\{a_n\}$ の連続して並ぶ $4m+2$ 項のうち, 初めの $2m+2$ 項の和を T, 次の $2m$ 項の和を U とする。

連続して並ぶ $4m+2$ 項の最初の項を c とすると

$$T=\boxed{\text{タ}}\,(m+1)\left(c-\boxed{\text{チ}}\,m-\boxed{\text{ツ}}\right)$$

$$T+U=\boxed{\text{テ}}\,(2m+1)\left(c-\boxed{\text{ト}}\,m-\boxed{\text{ナ}}\right)$$

と表される。$T=U$ であるとき

$$c=\boxed{\text{ニヌ}}\,m^2+\boxed{\text{ネ}}$$

であり, $a_n=c$ となるのは, $n=\boxed{\text{ノ}}\,m^2+\boxed{\text{ハヒ}}$ のときである。

$\star 44$ 【15分】

数列 $\{a_n\}$ の初項から第 n 項までの和 $S_n = \sum_{k=1}^{n} a_k$ が

$$S_n = n^2 + 2n$$

で与えられているものとする。

このとき，数列 $\{a_n\}$ は初項 $\boxed{\text{ア}}$ ，公差 $\boxed{\text{イ}}$ の等差数列である。

(1)
$$\sum_{k=1}^{n} a_k a_{k+1} = \frac{\boxed{\text{ウ}}}{\boxed{\text{エ}}} n^3 + \boxed{\text{オ}} n^2 + \frac{\boxed{\text{カキ}}}{\boxed{\text{ク}}} n$$

$$\sum_{k=1}^{n} \frac{1}{a_k a_{k+1}} = \frac{n}{\boxed{\text{ケ}} \left(\boxed{\text{コ}} n + \boxed{\text{サ}} \right)}$$

である。

(2) $\displaystyle \sum_{k=1}^{2n} (-1)^k a_k = \sum_{k=1}^{n} (a_{\boxed{\text{シ}}} - a_{\boxed{\text{ス}}})$ であることから

$$\sum_{k=1}^{2n} (-1)^k a_k = \boxed{\text{セ}}$$

となる。

$\boxed{\text{シ}} \sim \boxed{\text{セ}}$ の解答群

⓪ k	① $k+1$	② $2k$	③ $2k-1$
④ $2k+1$	⑤ n	⑥ $-n$	⑦ $2n$
⑧ $-2n$			

(3)
$$\sum_{k=1}^{2n} (-1)^k a_k{}^2 = \boxed{\text{ソ}} n^2 + \boxed{\text{タ}} n$$

である。

62　§6 数　列

★★45【10分】

数列 $\{a_n\}$ を初項 2，公比 $\dfrac{2}{3}$ の等比数列とする。数列 $\{a_n\}$ の偶数番目の項を取り出して，数列 $\{b_n\}$ を $b_n = a_{2n}$（$n = 1, 2, 3, \cdots\cdots$）で定める。

(1) $b_n = \dfrac{\boxed{\text{ア}}}{\boxed{\text{イ}}}\left(\dfrac{\boxed{\text{ウ}}}{\boxed{\text{エ}}}\right)^{n-1}$ であり

$$\sum_{k=1}^{n} b_k = \dfrac{\boxed{\text{オカ}}}{\boxed{\text{キ}}}\left\{1 - \left(\dfrac{\boxed{\text{ク}}}{\boxed{\text{ケ}}}\right)^{n}\right\}$$

である。また，積 $b_1 b_2 \cdots\cdots b_n$ を求めると

$$b_1 b_2 \cdots\cdots b_n = \boxed{\text{コ}}^{\,n}\left(\dfrac{\boxed{\text{サ}}}{\boxed{\text{シ}}}\right)^{n^2}$$

となる。

(2) $S_n = \displaystyle\sum_{k=1}^{n} k b_k$ とおく。S_n を次の【考え方1】，【考え方2】によって求めよう。

【考え方1】

$r = \dfrac{\boxed{\text{ウ}}}{\boxed{\text{エ}}}$ とすると

$$(1-r) S_n = \dfrac{\boxed{\text{ス}}}{\boxed{\text{セ}}}\left(\dfrac{1-r^{\boxed{\text{ソ}}}}{1-r} - n r^{\boxed{\text{タ}}}\right)$$

であるから

$$S_n = \dfrac{\boxed{\text{チツ}}}{\boxed{\text{テト}}}\left\{\boxed{\text{ナ}} - \left(\boxed{\text{ニ}}\,n + \boxed{\text{ヌ}}\right)\left(\dfrac{\boxed{\text{ウ}}}{\boxed{\text{エ}}}\right)^{n}\right\}$$

である。

$\boxed{\text{ソ}}$，$\boxed{\text{タ}}$ の解答群（同じものを繰り返し選んでもよい。）

⓪　$n-1$	①　n	②　$n+1$

（次ページに続く。）

【考え方2】

数列 $\{b_n\}$ は等比数列であるから，$k=1$，2，3，$\cdots\cdots$について

$$\frac{\boxed{\text{ネ}}}{\boxed{\text{ノ}}}(k+1)\,b_{k+1}-kb_k=b_k$$

が成り立つので

$$\sum_{k=1}^{n}\left\{\frac{\boxed{\text{ネ}}}{\boxed{\text{ノ}}}(k+1)\,b_{k+1}-kb_k\right\}=\sum_{k=1}^{n}b_k \qquad\cdots\cdots\text{①}$$

である。

①の左辺を S_n，b_n を用いて表すと

$$\sum_{k=1}^{n}\left\{\frac{\boxed{\text{ネ}}}{\boxed{\text{ノ}}}(k+1)\,b_{k+1}-kb_k\right\}=\frac{\boxed{\text{ハ}}}{\boxed{\text{ヒ}}}S_n+\left(n+\boxed{\text{フ}}\right)b_n-\boxed{\text{ヘ}}$$

$$\cdots\cdots\text{②}$$

となる。

①，②より

$$S_n=\frac{\boxed{\text{チツ}}}{\boxed{\text{テト}}}\left\{\boxed{\text{ナ}}-\left(\boxed{\text{ニ}}\,n+\boxed{\text{ヌ}}\right)\left(\frac{\boxed{\text{ウ}}}{\boxed{\text{エ}}}\right)^{n}\right\}$$

である。

64　§6 数 列

**46 【15分】

奇数の列 1, 3, 5, 7, …… を，次のように群に分ける。

$$1 \mid 3,\ 5,\ 7 \mid 9,\ 11,\ 13,\ 15,\ 17 \mid 19,\ \cdots\cdots$$

第1群　第2群　　　　第3群

ここで，第 n 群は$(2n-1)$個の項からなるものとする。第 n 群の最初の項を a_n で表す。

(1)　$a_1=1$, $a_2=3$, $a_3=9$, $a_4=19$, $a_5=\boxed{\text{アイ}}$ である。

　　数列 $\{a_n\}$ の階差数列を $\{b_n\}$ とすると，数列 $\{b_n\}$ は初項 $\boxed{\text{ウ}}$ ，公差 $\boxed{\text{エ}}$ の等差数列であり

$$a_n = \boxed{\text{オ}}\, n^2 - \boxed{\text{カ}}\, n + \boxed{\text{キ}}$$

である。

(2)　777 は第 $\boxed{\text{クケ}}$ 群の小さい方から $\boxed{\text{コサ}}$ 番目の項である。

(3)　第 n 群の$(2n-1)$個の項の和は

$$\boxed{\text{シ}}\, n^3 - \boxed{\text{ス}}\, n^2 + \boxed{\text{セ}}\, n - \boxed{\text{ソ}}$$

である。

(4)　$c_n = a_{n+2} - 3$ $(n=1,\ 2,\ 3,\ \cdots\cdots)$ とすると

$$c_n = \boxed{\text{タ}}\, n^2 + \boxed{\text{チ}}\, n$$

であり

$$\frac{1}{c_n} = \frac{\boxed{\text{ツ}}}{\boxed{\text{テ}}}\left(\frac{1}{n} - \frac{1}{n + \boxed{\text{ト}}}\right)$$

が成り立つ。

　　これより

$$\sum_{k=1}^{n}\frac{1}{c_k} = \frac{\boxed{\text{ナ}}\, n^2 + \boxed{\text{ニ}}\, n}{\boxed{\text{ヌ}}\left(n^2 + \boxed{\text{ネ}}\, n + \boxed{\text{ノ}}\right)}$$

となる。

★★★ **47** 【15分】

1からの奇数を分子，初項2，公比2の等比数列を分母とする分数を次のように並べた数列 $\{a_n\}$

$$\frac{1}{2},\ \frac{3}{2},\ \frac{3}{2^2},\ \frac{5}{2},\ \frac{5}{2^2},\ \frac{5}{2^3},\ \frac{7}{2},\ \frac{7}{2^2},\ \frac{7}{2^3},\ \frac{7}{2^4},\ \frac{9}{2},\ \cdots\cdots$$

について考える。

(1) $\dfrac{27}{2}$ は第 $\boxed{\text{アイ}}$ 項であり，a_1 から $a_{\boxed{\text{アイ}}}$ までに分母が2である項は $\boxed{\text{ウエ}}$ 個ある。これら $\boxed{\text{ウエ}}$ 個の項の和は $\boxed{\text{オカ}}$ である。

(2) 分子が41である項は $\boxed{\text{キク}}$ 個あり，これら $\boxed{\text{キク}}$ 個の項の和は

$$\boxed{\text{ケコ}}\left(1-\frac{1}{2^{\boxed{\text{サシ}}}}\right)$$

である。

(3) $a_{100}=\dfrac{\boxed{\text{スセ}}}{2^{\boxed{\text{ソ}}}}$ である。

(4) m を自然数とする。$\dfrac{2m-1}{2}=a_{\boxed{\text{タ}}}$，$\dfrac{2m-1}{2^m}=a_{\boxed{\text{チ}}}$ であり，$S_m=\displaystyle\sum_{k=\boxed{\text{タ}}}^{\boxed{\text{チ}}} a_k$ とすると

$$S_m=\left(\boxed{\text{ツ}}\right)\left(1-\frac{1}{\boxed{\text{テ}}}\right)$$

であり

$$\sum_{k=1}^{\boxed{\text{チ}}} a_k=\sum_{k=1}^{\boxed{\text{ト}}} S_k$$

である。

$\boxed{\text{タ}}$ ～ $\boxed{\text{ト}}$ の解答群(同じものを繰り返し選んでもよい。)

⓪ $m-1$	① m	② $2m-1$	③ $\dfrac{m(m-1)}{2}$ ④ $\dfrac{m(m-1)}{2}+1$
⑤ $\dfrac{m(m+1)}{2}$	⑥ $\dfrac{m(m+1)}{2}+1$	⑦ 2^{m-1}	⑧ 2^m ⑨ 2^{m+1}

66　§6　数　列

★★★ 48 【15分】

数列 $\{a_n\}$ の初項から第 n 項までの和を S_n とすると

$$S_n = \frac{2}{5}a_n + 3n \quad (n=1,\ 2,\ 3,\ \cdots\cdots)$$

を満たしている。

$S_1 = a_1$ であることから，$a_1 = \boxed{\ \text{ア}\ }$ である。

また，$S_{n+1} - S_n = a_{n+1}$ であることから

$$a_{n+1} = -\frac{\boxed{\ \text{イ}\ }}{\boxed{\ \text{ウ}\ }}a_n + \boxed{\ \text{エ}\ } \quad (n=1,\ 2,\ 3,\ \cdots\cdots)$$

となることがわかる。したがって

$$a_n = \boxed{\ \text{オ}\ }\left(-\frac{\boxed{\ \text{カ}\ }}{\boxed{\ \text{キ}\ }}\right)^{n-1} + \boxed{\ \text{ク}\ }$$

である。数列 $\{S_n\}$ の初項から第 n 項までの和について

$$\sum_{k=1}^{n} S_k = \frac{\boxed{\ \text{ケ}\ }}{\boxed{\ \text{コ}\ }}S_n + \frac{\boxed{\ \text{サ}\ }n^2 + \boxed{\ \text{シ}\ }n}{\boxed{\ \text{ス}\ }} \quad (n=1,\ 2,\ 3,\ \cdots\cdots)$$

が成り立つから

$$\sum_{k=1}^{n} S_k = \frac{\boxed{\ \text{セ}\ }}{\boxed{\ \text{ソタ}\ }}\left(-\frac{\boxed{\ \text{カ}\ }}{\boxed{\ \text{キ}\ }}\right)^{n-1} + \frac{\boxed{\ \text{サ}\ }}{\boxed{\ \text{ス}\ }}n^2 + \frac{\boxed{\ \text{チツ}\ }}{\boxed{\ \text{テト}\ }}n + \frac{\boxed{\ \text{ナニ}\ }}{\boxed{\ \text{ヌネ}\ }}$$

となる。

さらに，数列 $\{S_n\}$ の初項から第 $2n$ 項までの奇数番目の項の和を T，偶数番目の項の和を U とすると

$$U - T = \frac{\boxed{\ \text{ノハ}\ }}{\boxed{\ \text{ヒ}\ }}\left\{\left(\frac{\boxed{\ \text{フ}\ }}{\boxed{\ \text{ヘ}\ }}\right)^n - 1\right\} + \boxed{\ \text{ホ}\ }n$$

となる。

★★★ *49* 【15分】

等差数列 $\{a_n\}$ の初項から第 n 項までの和を S_n とする。$a_4=15$，$S_4=36$ である。

数列 $\{a_n\}$ の初項は $\boxed{\text{ア}}$，公差は $\boxed{\text{イ}}$ であり

$$a_n=\boxed{\text{ウ}}\,n-\boxed{\text{エ}}$$

$$S_n=\boxed{\text{オ}}\,n^2+n$$

である。

次に，数列 $\{b_n\}$ は

$$\sum_{k=1}^{n} b_k=\frac{3}{2}b_n-S_n+3 \quad (n=1,\ 2,\ 3,\ \cdots\cdots)$$

を満たすとする。

まず，$b_1=\boxed{\text{カ}}$ である。さらに，$\displaystyle\sum_{k=1}^{n+1} b_k=\sum_{k=1}^{n} b_k+b_{n+1}$ であることに注意すると

$$b_{n+1}=\boxed{\text{キ}}\,b_n+\boxed{\text{ク}}\,n+\boxed{\text{ケ}} \quad (n=1,\ 2,\ 3,\ \cdots\cdots)$$

が成り立つ。この等式は

$$b_{n+1}+\boxed{\text{コ}}\,(n+1)+\boxed{\text{サ}}=\boxed{\text{キ}}\left(b_n+\boxed{\text{コ}}\,n+\boxed{\text{サ}}\right)$$

$$(n=1,\ 2,\ 3,\ \cdots\cdots)$$

と変形できる。ここで

$$c_n=b_n+\boxed{\text{コ}}\,n+\boxed{\text{サ}} \quad (n=1,\ 2,\ 3,\ \cdots\cdots)$$

とおくと，数列 $\{c_n\}$ は，初項 $c_1=\boxed{\text{シ}}$，公比 $\boxed{\text{ス}}$ の等比数列であることから，c_n が求められる。したがって

$$b_n=\boxed{\text{セ}}^{\boxed{\text{ソ}}}-\boxed{\text{タ}}\,n-\boxed{\text{チ}}$$

である。

$\boxed{\text{ソ}}$ の解答群

> ⓪ $n-2$ ① $n-1$ ② n ③ $n+1$ ④ $n+2$

数列

★★★ 50 【15分】

数列 $\{a_n\}$ は
$$a_1 = 3, \quad a_{n+1} = 3a_n + 2^n \quad (n=1, 2, 3, \cdots)$$
を満たすとする。

(1) 数列 $\{a_n\}$ の一般項を求めてみよう。

【考え方1】

$b_n = \dfrac{a_n}{3^n}$ とおくと，数列 $\{b_n\}$ は

$$b_{n+1} = b_n + \dfrac{\boxed{ア}}{\boxed{イ}} \left(\dfrac{\boxed{ウ}}{\boxed{エ}} \right)^n \quad (n=1, 2, 3, \cdots)$$

を満たすから

$$b_n = \dfrac{\boxed{オ}}{\boxed{カ}} - \left(\dfrac{\boxed{キ}}{\boxed{ク}} \right)^{\boxed{ケ}}$$

であり

$$a_n = \boxed{コ} \cdot \boxed{サ}^{\boxed{シ}} - \boxed{ス}^{\boxed{セ}}$$

である。

$\boxed{ケ}$, $\boxed{シ}$, $\boxed{セ}$ の解答群（同じものを繰り返し選んでもよい。）

| ⓪ $n-2$ | ① $n-1$ | ② n | ③ $n+1$ | ④ $n+2$ |

（次ページに続く。）

【考え方2】

$c_n = \dfrac{a_n}{2^{n-1}}$ とおくと，数列 $\{c_n\}$ は

$$c_{n+1} = \dfrac{\boxed{ソ}}{\boxed{タ}}\, c_n + \boxed{チ} \quad (n=1, 2, 3, \cdots\cdots)$$

を満たすから

$$c_n = \boxed{ツ}\left(\dfrac{\boxed{ソ}}{\boxed{タ}}\right)^{\boxed{テ}} - \boxed{ト}$$

であり

$$a_n = \boxed{コ} \cdot \boxed{サ}^{\boxed{シ}} - \boxed{ス}^{\boxed{セ}}$$

である。

$\boxed{テ}$ の解答群

⓪ $n-2$	① $n-1$	② n	③ $n+1$	④ $n+2$

(2) $a_n(n=1, 2, 3, \cdots\cdots)$ の一の位を並べてできる数列を $\{d_n\}$ とすると，数列 $\{d_n\}$ は4つの数を繰り返すことがわかる。このことを確かめよう。

初項と漸化式から $a_n(n=1, 2, 3, \cdots\cdots)$ はすべて整数である。

a_{n+4} を a_n で表すと

$$a_{n+4} = \boxed{ナニ}\, a_n + \boxed{ヌネ} \cdot 2^n \quad (n=1, 2, 3, \cdots\cdots)$$

であるから

$$a_{n+4} - a_n = \boxed{ノハ}\left(\boxed{ヒ}\, a_n + \boxed{フヘ} \cdot 2^{n-1}\right) \quad (n=1, 2, 3, \cdots\cdots)$$

である。これより，$a_{n+4}-a_n$ が10の倍数となることから a_{n+4} と a_n の一の位は等しいことがわかる。すなわち，数列 $\{d_n\}$ は4つの数を繰り返す数列である。

したがって，$d_{100} = \boxed{ホ}$ である。

§7 ベクトル

★51 【10分】

a を正の実数とする。三角形 ABC の内部の点 P が

$$5\overrightarrow{PA}+a\overrightarrow{PB}+\overrightarrow{PC}=\vec{0}$$

を満たしているとする。このとき

$$\overrightarrow{AP}=\frac{\boxed{ア}}{a+\boxed{イ}}\overrightarrow{AB}+\frac{\boxed{ウ}}{a+\boxed{エ}}\overrightarrow{AC}$$

が成り立つ。

直線 AP と辺 BC との交点 D が辺 BC を $1:8$ に内分するならば，$a=\boxed{オ}$ であ

り，$\overrightarrow{AP}=\dfrac{\boxed{カ}}{\boxed{キク}}\overrightarrow{AD}$ である。このとき，点 P は線分 AD を $\boxed{ケ}:\boxed{コ}$ に

内分する。

また，三角形 ABC の重心を G とすると

$$\overrightarrow{AG}=\frac{\boxed{サ}}{\boxed{シ}}\overrightarrow{AB}+\frac{\boxed{ス}}{\boxed{セ}}\overrightarrow{AC}$$

であり

$$\frac{\triangle APG}{\triangle ABC}=\frac{\boxed{ソ}}{\boxed{タ}}$$

である。

さらに，$|\overrightarrow{AB}|=4$，$|\overrightarrow{BC}|=7$，$|\overrightarrow{AC}|=2\sqrt{17}$ ならば

$$\overrightarrow{AB}\cdot\overrightarrow{AC}=\frac{\boxed{チツ}}{\boxed{テ}}$$

である。したがって

$$\overrightarrow{AP}\cdot\overrightarrow{AG}=\frac{\boxed{トナニ}}{\boxed{ヌネ}}$$

であり

$$|\overrightarrow{AP}|=\sqrt{\boxed{ノ}}$$

である。

★52 【12分】

a は $0<a<1$ を満たす数とする。AB=AC の二等辺三角形 ABC に対し，辺 AB を 1:5 に内分する点を P，辺 AC を $a:(1-a)$ に内分する点を Q とする。また，線分 BQ と線分 CP の交点を K とし，直線 AK と辺 BC の交点を R とする。

(1)　$\vec{BQ} = -\vec{AB} + \boxed{ア}\vec{AC}$, 　$\vec{CP} = \dfrac{\boxed{イ}}{\boxed{ウ}}\vec{AB} - \vec{AC}$

$\vec{AK} = \dfrac{\boxed{エ}-a}{\boxed{オ}-\boxed{カ}}\vec{AB} + \dfrac{\boxed{キク}}{\boxed{ケ}-\boxed{コ}}\vec{AC}$

$\vec{AR} = \dfrac{\boxed{サ}-\boxed{シ}}{\boxed{ス}a+\boxed{セ}}\vec{AB} + \dfrac{\boxed{ソタ}}{\boxed{チ}a+\boxed{ツ}}\vec{AC}$

である。

(2)　$\angle BAC = \theta$ とおく。$\vec{BQ}$ と $\vec{CP}$ が垂直であるとき，a は

$$\left(a+\boxed{テ}\right)\cos\theta - \left(\boxed{ト}a+\boxed{ナ}\right) = 0$$

を満たす。したがって，$\cos\theta$ のとり得る値の範囲は

$$\dfrac{\boxed{ニ}}{\boxed{ヌ}} < \cos\theta < 1$$

である。

★★53 【12分】

平面上に，三角形 OAB と点 P がある。先生，太郎さん，花子さんの三人は，s，t の条件と点 P の位置について話している。三人の会話を読み，下の問いに答えよ。

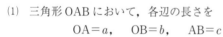

先生：平面上の任意の点 P の位置ベクトルは，実数 s，t を用いて
$$\overrightarrow{OP} = s\overrightarrow{OA} + t\overrightarrow{OB}$$
と表されることは知っていますね。
太郎：はい。
先生：s，t の値が動くとき，点 P の描く図形について調べてみよう。s，t が $s+t=1$ を満たすとき，P の描く図形はどうなりますか？
太郎：直線 AB ですね。
花子：s，t が $s≧0$，$t≧0$，$s+t=1$ を満たすときは，線分 AB になりますね。
先生：よく知っていますね。
太郎：P が三角形 OAB の内部にあるための条件は，何ですか？
花子：それは，$s>0$，$t>0$，$s+t<1$ だよ。
先生：s，t に条件を与えて，P の存在する範囲を求めてみましょう。

(1) 三角形 OAB において，各辺の長さを
$$OA=a, \quad OB=b, \quad AB=c$$
とする。
 (i) 点 P が
$$\overrightarrow{OP}=s\overrightarrow{OA}, \quad -1≦s≦2$$
を満たすとき，P が描く線分の長さは $\boxed{\text{アイ}}$ である。
 (ii) 点 P が
$$\overrightarrow{OP}=(1-t)\overrightarrow{OA}+t\overrightarrow{OB}, \quad -\frac{1}{2}≦t≦3$$
を満たすとき，P が描く線分の長さは $\boxed{\dfrac{\text{ウエ}}{\text{オ}}}$ である。

(次ページに続く。)

(iii) 点 P が
$$\overrightarrow{OP}=s\overrightarrow{OA}+t\overrightarrow{OB}, \quad 2s+\frac{t}{2}=1$$
を満たすとき，P が描く図形は　カ　の太線部である。

カ　については，当てはまるものを，次の⓪〜③のうちから一つ選べ。

⓪ ①  ② 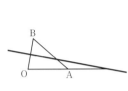 ③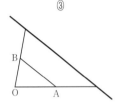

(2) 三角形 OAB の面積を S とする。
 (i) 点 P が
$$\overrightarrow{OP}=s\overrightarrow{OA}+t\overrightarrow{OB}, \quad 0\leqq s\leqq 1, \quad 0\leqq t\leqq 1$$
を満たすとき，P が描く図形の面積は　キ　S である。

 (ii) 点 P が
$$\overrightarrow{OP}=s\overrightarrow{OA}+t\overrightarrow{OB}, \quad s\geqq 0, \quad t\geqq 0, \quad s+t\leqq 2$$
を満たすとき，P が描く図形の面積は　ク　S である。

 (iii) 点 P が
$$\overrightarrow{OP}=s\overrightarrow{OA}+t\overrightarrow{OB}, \quad s\geqq 0, \quad t\geqq 0, \quad 1\leqq s+t\leqq 3$$
を満たすとき，P が描く図形の面積は　ケ　S である。

74　§7　ベクトル

★★★ *54* 【15分】

O を原点とする座標平面において，二つのベクトル $\vec{a}$, $\vec{b}$ を $\vec{a}=(3, -1)$，$\vec{b}=(1, 3)$ とする。s, t を実数として，$\vec{p}=s\vec{a}+t\vec{b}$ とおく。

(1)　$\vec{c}=(-1, 5)$ とすると，$\vec{c}=-\dfrac{\boxed{ア}}{\boxed{イ}}\vec{a}+\dfrac{\boxed{ウ}}{\boxed{イ}}\vec{b}$ である。

　A$(\vec{a})$, B$(\vec{b})$, C$(\vec{c})$, P$(\vec{p})$ とおく。P が三角形 OAB の外心であるとき，

$s=\dfrac{\boxed{エ}}{\boxed{オ}}$, $t=\dfrac{\boxed{カ}}{\boxed{オ}}$ である。また，P が三角形 OBC の垂心であるとき，

$s=\dfrac{\boxed{キ}}{\boxed{クケ}}$, $t=\dfrac{\boxed{コ}}{\boxed{サ}}$ である。

(2)　点 P$(\vec{p})$ が，2 点 $(-1, 5)$, $(13, -9)$ を通る直線 ℓ 上にあるとき，s と t の間に $s+\boxed{シ}\,t=\boxed{ス}$ が成り立つ。

(3)　点 P$(\vec{p})$ がベクトル方程式 $(\vec{p}-\vec{a})\cdot(2\vec{p}-\vec{b})=0$ で表される円 C 上にある。円 C の中心の位置ベクトルは $\dfrac{1}{\boxed{セ}}\vec{a}+\dfrac{1}{\boxed{ソ}}\vec{b}$ で表されるので，中心の座標は

$\left(\dfrac{\boxed{タ}}{\boxed{チ}}, \dfrac{\boxed{ツ}}{\boxed{チ}}\right)$ である。また，円の半径は $\dfrac{\boxed{テ}\sqrt{\boxed{ト}}}{\boxed{ナ}}$ である。

　このとき，s と t の間に

$$\boxed{ニ}\,s^2+\boxed{ヌ}\,t^2-\boxed{ネ}\,s-t=0$$

が成り立つ。

(4)　(2)の直線 ℓ と(3)の円 C の 2 交点の位置ベクトルは，$\vec{a}$, $\vec{b}$ を用いて

$$\vec{a}+\dfrac{\boxed{ノ}}{\boxed{ハ}}\vec{b}, \quad \dfrac{\boxed{ヒ}}{\boxed{フ}}\vec{a}+\dfrac{\boxed{ヘ}}{\boxed{ホ}}\vec{b}$$

と表される。

★★ 55 【12分】

四面体 OABC において，$|\overrightarrow{OA}|=|\overrightarrow{OB}|=3$，$|\overrightarrow{OC}|=2$，$\angle AOC=\angle BOC=60°$，$\angle ACB=90°$ とする。

(1)
$$\overrightarrow{OA}\cdot\overrightarrow{OC}=\boxed{\ \text{ア}\ },\qquad \overrightarrow{OB}\cdot\overrightarrow{OC}=\boxed{\ \text{イ}\ }$$

$$\overrightarrow{OC}\cdot\overrightarrow{CA}=\boxed{\ \text{ウエ}\ },\qquad \overrightarrow{OC}\cdot\overrightarrow{CB}=\boxed{\ \text{オカ}\ }$$

$$\overrightarrow{OA}\cdot\overrightarrow{OB}=\boxed{\ \text{キ}\ }$$

であり

$$|\overrightarrow{AC}|=\sqrt{\boxed{\ \text{ク}\ }},\qquad |\overrightarrow{BC}|=\sqrt{\boxed{\ \text{ケ}\ }}$$

$$|\overrightarrow{AB}|=\sqrt{\boxed{\ \text{コサ}\ }}$$

である。

(2) 辺 AB の中点を M とすると，$\overrightarrow{OC}\cdot\overrightarrow{OM}=\boxed{\ \text{シ}\ }$ である。さらに，線分 OM 上に点 P をとり，$\overrightarrow{OP}=t\overrightarrow{OM}$ $(0<t<1)$ とすると，$\overrightarrow{CP}$ と $\overrightarrow{OM}$ が直交するのは

$$t=\dfrac{\boxed{\ \text{ス}\ }}{\boxed{\ \text{セソ}\ }}$$

のときである。

このとき，線分 CP を $1:2$ に内分する点を Q として，直線 AQ が平面 OBC と交わる点を R とすれば

$$AQ:QR=\boxed{\ \text{タチ}\ }:1$$

であり

$$\overrightarrow{OR}=\dfrac{\boxed{\ \text{ツ}\ }}{\boxed{\ \text{テト}\ }}\overrightarrow{OB}+\dfrac{\boxed{\ \text{ナニ}\ }}{\boxed{\ \text{ヌネ}\ }}\overrightarrow{OC}$$

である。

76 §7 ベクトル

★★56 【15分】

O を原点とする座標空間に，3 点 A(1, 0, 0)，B(0, 2, 0)，C(0, 0, 3) を考える。

線分 AB を $a : 1-a$ に内分する点を P，線分 PC を $b : 1-b$ に内分する点を Q とする（ただし，$0<a<1$，$0<b<1$ である）。

(1) $\overrightarrow{OQ}$ を a，b を用いて表せば

$$\overrightarrow{OQ}=\left(\left(\boxed{\text{ア}}-a\right)\left(\boxed{\text{イ}}-b\right),\ \boxed{\text{ウエ}}\left(\boxed{\text{オ}}-b\right),\ \boxed{\text{カ}}\,b\right)$$

である。

(2) $a=\dfrac{1}{4}$，$b=\dfrac{1}{3}$ とする。点 Q を中心とし，yz 平面に接する球面を S とする。S の方程式は

$$\left(x-\dfrac{\boxed{\text{キ}}}{\boxed{\text{ク}}}\right)^2+\left(y-\dfrac{\boxed{\text{ケ}}}{\boxed{\text{コ}}}\right)^2+\left(z-\boxed{\text{サ}}\right)^2=\dfrac{\boxed{\text{シ}}}{\boxed{\text{ス}}}$$

である。S 上の点で O に最も近い点の座標は

$$\left(\dfrac{\boxed{\text{セ}}}{\boxed{\text{ソ}}},\ \dfrac{\boxed{\text{タ}}}{\boxed{\text{チツ}}},\ \dfrac{\boxed{\text{テ}}}{\boxed{\text{ト}}}\right)$$

である。また S に接し，xy 平面に平行な平面のうち，原点から遠い方の方程式は

$$z=\dfrac{\boxed{\text{ナ}}}{\boxed{\text{ニ}}}$$

である。

(3) 点 D(2, 2, 3) を通り，ベクトル $\vec{u}=(1,\ 1,\ 1)$ に平行な直線を ℓ とする。ℓ 上の点を R とすると，実数 t を用いて $\overrightarrow{DR}=t\vec{u}$ と表されるから

$$\overrightarrow{OR}=\left(\boxed{\text{ヌ}}+t,\ \boxed{\text{ネ}}+t,\ \boxed{\text{ノ}}+t\right)$$

である。Q が ℓ 上にあるとき

$$a=\dfrac{\boxed{\text{ハ}}}{\boxed{\text{ヒ}}},\qquad b=\dfrac{\boxed{\text{フ}}}{\boxed{\text{ヘホ}}}$$

である。

★★ 57 【15分】

点 O を原点とする座標空間に 3 点 A$(2, 0, 0)$, B$(0, 2, 0)$, C$(0, 0, 4)$ がある。線分 AB を $1:2$ に内分する点を D, 線分 BC を $1:2$ に内分する点を E とすると

$$D\left(\frac{\boxed{ア}}{\boxed{イ}}, \ \frac{\boxed{ウ}}{\boxed{イ}}, \ 0\right), \quad E\left(0, \ \frac{\boxed{エ}}{\boxed{イ}}, \ \frac{\boxed{オ}}{\boxed{イ}}\right)$$

であり、$0 < a < 1$ とし、線分 DE を $a : 1-a$ に内分する点を P とすると

$$P\left(\frac{\boxed{カ} - \boxed{キ}\,a}{\boxed{イ}}, \ \frac{\boxed{ク}\,a + \boxed{ケ}}{\boxed{イ}}, \ \frac{\boxed{コ}}{\boxed{イ}}\,a\right)$$

である。

直線 BP と直線 AC が垂直であるとき、$a = \dfrac{\boxed{サ}}{\boxed{シ}}$ である。

また

$$\overrightarrow{PA} \cdot \overrightarrow{PC} = \frac{\boxed{ス}}{\boxed{セ}}\left(\boxed{ソ}\,a^2 - \boxed{タチ}\,a - \boxed{ツ}\right)$$

であるから、$\overrightarrow{PA} \cdot \overrightarrow{PC}$ の内積は $a = \dfrac{\boxed{テ}}{\boxed{ト}}$ のとき最小値をとる。

このとき

$$\overrightarrow{OP} = \frac{\boxed{ナ}}{\boxed{ニ}}\,\overrightarrow{OA} + \frac{\boxed{ヌ}}{\boxed{ネ}}\,\overrightarrow{OB} + \frac{\boxed{ノ}}{\boxed{ハ}}\,\overrightarrow{OC}$$

となる。したがって、直線 CP と線分 AB の交点を Q とすると

$$\frac{PQ}{CP} = \frac{\boxed{ヒ}}{\boxed{フ}}, \quad \frac{QB}{AQ} = \frac{\boxed{ヘ}}{\boxed{ホ}}$$

である。

ベクトル

78   §7 ベクトル

★★★**58** 【15分】

O を原点とする座標空間に3点 A(2, −2, 1), B(4, −1, −1), C(3, 3, 0) がある。

(1)

$$|\overrightarrow{OA}| = \boxed{ア}, \quad |\overrightarrow{OB}| = \boxed{イ}\sqrt{\boxed{ウ}}$$

$$\overrightarrow{OA} \cdot \overrightarrow{OB} = \boxed{エ}$$

であるから，∠AOB = $\boxed{オカ}$° であり，三角形 OAB の面積は $\dfrac{\boxed{キ}}{\boxed{ク}}$ である。

(2) 平面 OAB 上にある点を D とし，実数 s, t を用いて $\overrightarrow{OD} = s\overrightarrow{OA} + t\overrightarrow{OB}$ とおく。
直線 CD が平面 OAB と垂直になるとき

$$s = \boxed{ケコ}, \quad t = \boxed{サ}$$

であり，D の座標は

$$\left(\boxed{シ}, \boxed{ス}, \boxed{セソ} \right)$$

となる。したがって，四面体 OABC の体積は $\dfrac{\boxed{タ}}{\boxed{チ}}$ である。

(次ページに続く。)

(3) この四面体 OABC について,先生と太郎さん,花子さんの三人は次のような会話をしている。三人の会話を読み,下の問いに答えよ。

先生：四面体 OABC を xz 平面で切断したとき,点 A を含む側の立体の体積を求めてみましょう。
花子：3頂点 A,B,C と xz 平面の位置を調べるとわかりやすくなりますね。
先生：xz 平面の方程式は $y=0$ と表されるね。原点 O は xz 平面上にあり,3点 A,B,C の y 座標は,それぞれ負,負,正だから,辺 AC,辺 BC は xz 平面と交わることがわかります。
太郎：この2交点の座標を求めると,体積が計算できますね。

辺 AC と xz 平面の交点を E とすると,E の座標は

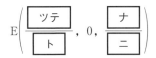

である。辺 BC と xz 平面の交点を F として,F の座標を求めることによって,三角形 OEF の面積は $\dfrac{\boxed{ヌネ}}{\boxed{ノハ}}$ と求められる。

四面体 COEF の体積を考えて,求める立体の体積は $\dfrac{\boxed{ヒフ}}{\boxed{ヘホ}}$ である。

— *MEMO* —

④ 20230201

駿台受験シリーズ

短期攻略
大学入学 共通テスト
数学Ⅱ・B
実戦編

榎 明夫・吉川浩之 共著

駿台文庫
SUNDAIBUNKO

は　じ　め　に

　本書は，共通テスト数学Ⅱ・Bを完全攻略するための問題集で，単元別に 58 題の問題を収録しました（確率分布と統計的な推測分野は除く）。

　共通テストは大変重要な関門です。国公立大受験生にとっては共通テストで多少失敗しても二次試験で挽回することはまったく不可能というわけではありません。その場合，いわゆる「二次力」で勝負ということになります。しかし，特に難易度の高い大学で，二次試験で挽回できるほどの点をとるのは至極困難です。また，私立大学では，共通テストである程度点がとれれば合格を確保できるところも多くあります。時代は，共通テストの成否が合否を決めるようになってきているのです。

　また，共通テストには，次のように通常の記述試験とは異なる特徴があります。

　　①　マークセンス方式で解答する
　　②　解答する分量に対して試験時間がきわめて短い
　　③　誘導形式の設問が多い
　　④　教育課程を遵守している

　したがって，共通テストで正解するためには，共通テスト専用の「質と量」を兼ね備えたトレーニングが非常に重要です。本書に収録した問題は，入試を熟知した駿台予備学校講師が共通テスト試行調査を徹底的に分析し作成した問題ですので，非常に効率よく対策ができます。

　なお，本書は問題集としての性格を際立たせていますので，「まずは参考書形式で始めてみたい」という皆さんには姉妹編の『基礎編』をお薦めします。詳しくは次の利用法を読んでみてください。

　末尾となりますが，本書の発行にあたりましては駿台文庫の加藤達也氏，林拓実氏に大変お世話になりました。紙面をお借りして御礼申し上げます。

榎　明夫

吉川浩之

本書のねらいと特長・利用法

本書のねらい

1　**1か月間で共通テスト数学Ⅱ・Bを完全攻略**

　　1日2題のペースなら，約1か月間で共通テスト数学Ⅱ・Bを総仕上げできます（確率分布と統計的な推測分野は除く）。

2　**問題を解くスピードを身につける**

　　共通テストでは，問題を解く速さが特に重要です。本書では，各問題ごとに**目標解答時間を10分・12分・15分の3通りに設定し表示しました。**

3　**数学の実力をつける**

　　共通テストは，マーク形式とはいっても数学の問題です。実力がなければ問題を解くことはできません。そのために，**ていねいな解説をつける**ことによって，理解力・応用力がアップし，二次試験対策としても利用できます。

特長・利用法

1　**3段階の難易度表示／難易度順の問題**

　　共通テストの目的の一つは基礎学力到達度を計ることであり，前身のセンター試験では平均点が6割となるよう作成されていました。本書は，**共通テストが目標とする正答率を6割として，これを基準にレベル設定をしました。**また，学習効果を考えて，各単元ごとにおおむねやや易しい問題からやや難しい問題の順に配列し，難易度は問題番号の左に★の個数で次のように表示しました。

　　　　★ ………… やや易しいレベル
　　　　★★ ……… 標準レベル
　　　　★★★ …… やや難しいレベル

2　**自己採点ができる**

　　各大問は20点満点とし，解答に配点を表示しました。

　　まずは，**★★の問題で確実に6割を得点できるよう頑張ってください。**

3　**姉妹編として，参考書形式の『基礎編』が用意されています**

　　「問題集をいきなりやるのはちょっと抵抗がある」皆さんに参考書形式の『基礎編』を姉妹編として用意しました。『基礎編』は，2STAGE＋総合演習問題で各単元の基礎力養成から共通テストレベルまでの学習ができるようになっています。『実戦編』と『基礎編』は同じ章立てになっていますから，問題を解く際に必要な考え方・公式・定理などは，『基礎編』を参考にするとよいでしょう。

目　次

◆はじめに　　　　　　　　　　　　　　　　　3

◆本書のねらいと特長・利用法　　　　　　　　4

◆解　答　　　　　　　　　　　　　　　　　　6

◆解　説　　　　　　　　　　　　　　　　　26

別冊　問題編の目次

●数学Ⅱ

§1　いろいろな式　　　　　　　　　　　　2

§2　図形と方程式　　　　　　　　　　　14

§3　三角関数　　　　　　　　　　　　　26

§4　指数・対数関数　　　　　　　　　　36

§5　微分・積分の考え　　　　　　　　　46

●数学B

§6　数　列　　　　　　　　　　　　　　60

§7　ベクトル　　　　　　　　　　　　　70

6 解 答

解 答

各大問は 20 点満点。

★印は問題の難易度を表します。

★………やや易
★★……標準
★★★…やや難

まずは，★★の問題で確実に 6 割(12 点)を得点できるよう頑張って下さい。

1

解答記号 （配点）		正 解	
$\dfrac{\boxed{ア}}{\boxed{イ}}$	(2)	$\dfrac{5}{2}$	
$\boxed{ウ}$	(2)	3	
$-\boxed{エ}$	(2)	-7	
$\boxed{オ}$	(2)	③	
$\boxed{カ}$	(3)	②	
$\dfrac{\boxed{キ}}{\boxed{ク}}$	(3)	$\dfrac{9}{2}$	
$\dfrac{\boxed{ケ}}{\boxed{コ}}$	(3)	$\dfrac{1}{2}$	
$\boxed{サ}$	(3)	1	
計			点

2

解答記号 （配点）		正 解	
$x^2-\boxed{ア}\,x-\boxed{イ}$	(3)	x^2-2x-6	
$\boxed{ウ}\,x+\boxed{エ}$	(3)	$5x+4$	
$x^2-\boxed{オ}\,x-\boxed{カ}$	(3)	x^2-2x-6	
$\boxed{キ}+\boxed{ク}\sqrt{7}$	(4)	$9+5\sqrt{7}$	
$\boxed{ケ}$	(4)	1	
$\boxed{コサ}$	(3)	-2	
計			点

**3*

解答記号 （配点）		正 解	
$\boxed{ア}$	(1)	5	
$\boxed{イ}$	(1)	3	
$\boxed{ウエ}\,x+\boxed{オ}$	(2)	$-2x+9$	
$\boxed{カ}\,a+\boxed{キ}\,b+c$ $=\boxed{ク}$	(2)	$4a+2b+c$ $=5$	
$\boxed{ケ}\,a+b=\boxed{コ}$	(2)	$6a+b=4$	
$\boxed{サ}\,a-c=\boxed{シ}$	(2)	$9a-c=9$	
$a=\boxed{ス}$, $b=\boxed{セソタ}$, $c=\boxed{チツ}$	(4)	$a=6$, $b=-32$, $c=45$	
$(x-2)(x-\boxed{テ})+\boxed{ト}$	(2)	$(x-2)(x-1)+6$	
$\boxed{ナ}\,x^2-\boxed{ニヌ}\,x$ $+\boxed{ネノ}$	(4)	$6x^2-32x+45$	
計			点

解 答　7

**4

解答記号　（配点）		正　解	
$\boxed{\text{ア}}$	(1)	2	
$-a-\boxed{\text{イ}}$	(2)	$-a-2$	
$\boxed{\text{ウエ}}$	(3)	-2	
$a+\boxed{\text{オ}}$	(3)	$a+2$	
$\boxed{\text{カキ}}$	(3)	-4	
$\boxed{\text{ク}}+\sqrt{\boxed{\text{ケ}}}$	(4)	$1+\sqrt{5}$	
$\boxed{\text{コ}}$	(2)	2	
$\boxed{\text{サ}}$	(2)	0	
計		点	

**5

解答記号　（配点）		正　解	
$\boxed{\text{アイ}}$	(3)	-1	
$\boxed{\text{ウ}}\,a$	(1)	$-a$	
$\boxed{\text{エオ}}\,a-\boxed{\text{カキ}}$	(2)	$-6a-20$	
$\boxed{\text{クケコ}}$	(2)	-20	
$\boxed{\text{サシ}}$	(2)	-4	
$\boxed{\text{ス}}$	(1)	⑥	
$\boxed{\text{セ}}$	(2)	5	
$\boxed{\text{ソタ}}$	(2)	-2	
$\boxed{\text{チツ}}$	(2)	-2	
$\boxed{\text{テトナ}}\pm\boxed{\text{ニ}}\sqrt{\boxed{\text{ヌ}}}$	(3)	$-26\pm9\sqrt{6}$	
計		点	

**6

解答記号　（配点）		正　解	
$\boxed{\text{アイ}}\pm\boxed{\text{ウ}}\sqrt{\boxed{\text{エ}}}\,i$	(2)	$-2\pm2\sqrt{3}\,i$	
$\boxed{\text{オ}}$	(2)	⑤	
$\boxed{\text{カ}}$	(2)	③	
$a^4+\boxed{\text{キ}}\,a^2-\boxed{\text{ク}}$	(2)	a^4+2a^2-3	
$\pm\boxed{\text{ケ}}$	(3)	±1	
$\pm\sqrt{\boxed{\text{コ}}}$	(3)	$\pm\sqrt{3}$	
$\boxed{\text{サ}}\,,\,\boxed{\text{シ}}$	(3)	4, 2	
$\dfrac{\boxed{\text{ス}}\pm\sqrt{\boxed{\text{セ}}}\,i}{\boxed{\text{ソ}}}$	(3)	$\dfrac{3\pm\sqrt{7}\,i}{2}$	
計		点	

**7

解答記号　（配点）		正　解	
$\boxed{\text{アイ}}+\boxed{\text{ウ}}\sqrt{\boxed{\text{エ}}}\,i$	(1)	$-2+2\sqrt{3}\,i$	
$\boxed{\text{オカ}}$	(2)	-8	
$\boxed{\text{キク}}-\boxed{\text{ケ}}\sqrt{\boxed{\text{コ}}}\,i$	(3)	$-8-8\sqrt{3}\,i$	
$x^2-\boxed{\text{サ}}\,x+\boxed{\text{シ}}$	(2)	x^2-2x+4	
$\boxed{\text{ス}}-\boxed{\text{セ}}\,b$	(2)	$8-2b$	
$\boxed{\text{ソ}}\,a+\boxed{\text{タ}}\,b$	(2)	$8a+4b$	
$a+\boxed{\text{チ}}$	(1)	$a+2$	
$\boxed{\text{ツ}}\,a+b$	(1)	$2a+b$	
$\boxed{\text{テ}}$	(2)	1	
$\boxed{\text{ト}}$	(2)	0	
$\boxed{\text{ナ}}$	(1)	8	
$\boxed{\text{ニ}}$	(1)	8	
計		点	

解答

8 解 答

*** 8

解答記号 （配点）		正 解	
$x -$ ［ア］	(1)	$x - 2$	
［イ］$x +$ ［ウ］	(1)	$4x + 2$	
［エオ］	(1)	-2	
［カキ］	(1)	-1	
$x -$ ［ク］	(1)	$x - 1$	
$x +$ ［ケ］	(1)	$x + 3$	
［コ］	(1)	5	
［サ］	(1)	2	
［シ］$x^2 +$ ［ス］x $-$ ［セ］	(1)	$2x^2 + 4x - 1$	
［ソ］$x^3 -$ ［タ］x $+$ ［チ］	(1)	$2x^3 - 5x + 4$	
［ツ］	(1)	②	
［テ］	(1)	⑤	
［ト］	(1)	①	
［ナ］	(1)	③	
［ニ］	(1)	⑨	
［ヌ］	(1)	④	
［ネ］	(2)	④	
［ノ］$n^2 -$ ［ハ］n	(2)	$4n^2 - 5n$	
計			点

*9

解答記号 （配点）		正 解	
$\dfrac{［ア］}{［イ］}x +$ ［ウ］	(2)	$\dfrac{1}{2}x + 2$	
$\dfrac{［エオ］}{［カ］}$	(3)	$\dfrac{27}{2}$	
$-$ ［キ］$x -$ ［ク］y $-$ ［ケ］	(3)	$-3x - 3y - 8$	
$\dfrac{\sqrt{［コサ］} -$ ［シ］$}{［ス］}$	(4)	$\dfrac{\sqrt{10} - 2}{2}$	
［セ］	(1)	③	
$\dfrac{［ソ］}{［タ］}$	(3)	$\dfrac{1}{2}$	
$\dfrac{［チツ］}{［テ］}$	(3)	$\dfrac{-2}{5}$	
（［ト］，［ナニ］）	(1)	$(1, -2)$	
計			点

*10

解答記号 （配点）		正 解	
（［ア］a，［イ］a）	(2)	$(2a, -a)$	
（［ウ］，［エ］）	(3)	$(5, 5)$	
（［オカ］，［キク］）	(3)	$(-1, -7)$	
$\dfrac{［ケ］a -$ ［コ］$}{a +$ ［サ］$}$	(2)	$\dfrac{2a - 5}{a + 5}$	
$\dfrac{［シ］a +$ ［ス］$}{a -$ ［セ］$}$	(2)	$\dfrac{2a + 1}{a - 7}$	
［ソ］	(3)	4	
［タチ］	(3)	-2	
［ツテ］	(2)	10	
計			点

解 答　9

★★ 11

解答記号　（配点）		正　解	
$x-$ ア $y+$ イ	(2)	$x-2y+5$	
ウエ	(3)	15	
(オカ , キク)	(3)	(17, 11)	
ケコ	(3)	90	
$\dfrac{\text{サ}\sqrt{\text{シス}}}{\text{セ}}$	(3)	$\dfrac{3\sqrt{10}}{2}$	
$\dfrac{\sqrt{\text{ソタ}}}{\text{チ}}$	(3)	$\dfrac{\sqrt{10}}{2}$	
$\pm\dfrac{\sqrt{\text{ツテ}}}{\text{ト}}$	(3)	$\pm\dfrac{\sqrt{10}}{2}$	
計		点	

★★ 12

解答記号　（配点）		正　解	
(ア , イウ)	(2)	(3, −1)	
エ	(2)	4	
(オ , カ)	(2)	(1, 0)	
キ	(2)	⓪	
$\dfrac{|\text{ク}\,a+\text{ケ}|}{\sqrt{a^2+\text{コ}}}$	(3)	$\dfrac{|2a+1|}{\sqrt{a^2+1}}$	
サ	(2)	0	
$\dfrac{\text{シス}}{\text{セ}}$	(2)	$\dfrac{-4}{3}$	
(ソ , タチ)	(3)	(7, −5)	
ツ $\sqrt{}$ テ	(2)	$6\sqrt{2}$	
計		点	

★★ 13

解答記号　（配点）		正　解	
$\dfrac{\text{アイ}}{\text{ウ}}$	(1)	$\dfrac{-1}{2}$	
エ	(1)	2	
$\dfrac{\pi}{\text{オ}}$	(1)	$\dfrac{\pi}{2}$	
(カ , キ)	(2)	(1, 4)	
ク	(2)	5	
ケコ	(1)	25	
サシ	(3)	11	
$\dfrac{\text{ス}}{\text{セ}}$	(2)	$\dfrac{4}{3}$	
$-\dfrac{\text{ソ}}{\text{タ}}$	(2)	$-\dfrac{3}{4}$	
(チ $+\sqrt{}$ ツ , テ $+$ ト $\sqrt{}$ ナ)	(2)	$(1+\sqrt{5},\ 4+2\sqrt{5})$	
ニヌ $+$ ネ $\sqrt{}$ ノ	(3)	$10+5\sqrt{5}$	
計		点	

10 解 答

** 14

解答記号 （配点）		正 解	
(アイ ， ウ)	(2)	$(-5,\ 0)$	
(エ ， オ)	(2)	$(3,\ 4)$	
カ $\sqrt{\ キ\ }$	(2)	$5\sqrt{2}$	
ク	(2)	1	
$(x-$ ケ $a)^2+$ $(y-$ コ $a)^2$	(2)	$(x-2a)^2+$ $(y-2a)^2$	
サ a^2	(2)	$4a^2$	
$\dfrac{\ シ\ }{\ ス\ }$	(2)	$\dfrac{5}{2}$	
セ	(3)	0	
ソ $-$ タ $\sqrt{\ チ\ }$	(3)	$5-2\sqrt{5}$	
計			点

*** 15

解答記号 （配点）		正 解	
ア	(2)	4	
$\dfrac{\ イ\ }{\ ウ\ }\pi$	(2)	$\dfrac{1}{6}\pi$	
$\left(-\dfrac{\sqrt{\ エ\ }}{\ オ\ },\ -\dfrac{\ カ\ }{\ オ\ }\right)$	(3)	$\left(-\dfrac{\sqrt{3}}{2},\ -\dfrac{1}{2}\right)$	
$-\sqrt{\ キ\ }\,x-$ ク	(2)	$-\sqrt{3}\,x-2$	
$(-\sqrt{\ ケ\ },\ $ コ $)$	(3)	$(-\sqrt{3},\ 1)$	
サ	(2)	①	
$\sqrt{\ シ\ }\,x-$ ス	(2)	$\sqrt{3}\,x-4$	
セ ， ソ ， タ ， チ	(4)	⓪, ③, ⑤, ⑥	
計			点

*** 16

解答記号 （配点）		正 解	
ア	(1)	3	
$\dfrac{\ イ\ }{\ ウ\ }$	(1)	$\dfrac{2}{3}$	
エ	(1)	6	
オ ， カ	(1)	$3,\ 2$	
$\dfrac{\ キ\ -\ ク\ }{\ ケ\ }x$	(1)	$\dfrac{a-6}{2}x$	
$\dfrac{\ コサ\ -\ シ\ t}{\ スセ\ -\ ソ\ t}$	(1)	$\dfrac{12-2t}{12-3t}$	
(タ ， チ)	(3)	$(1,\ 4)$	
ツ $+\sqrt{\ テト\ }$	(3)	$3+\sqrt{11}$	
$\dfrac{(6-t)^2}{\ ナニ\ -\ ヌ\ t}$	(1)	$\dfrac{(6-t)^2}{12-3t}$	
$\dfrac{\ u\ }{\ ネ\ }+\dfrac{\ ノ\ }{\ u\ }$	(2)	$\dfrac{u}{9}+\dfrac{4}{u}$	
$\dfrac{\ ハ\ }{\ ヒ\ }$	(2)	$\dfrac{4}{3}$	
フ	(1)	6	
$\dfrac{\ ヘ\ }{\ ホ\ }$	(2)	$\dfrac{8}{3}$	
計			点

解　答　*11*

★ *17*

解答記号　（配点）		正　解	
$\boxed{ア}$, $\boxed{イ}$	(4)	⓪ , ⑦ (解答の順序は問わない)	
$\boxed{ウ}$, $\boxed{エ}$	(4)	③ , ⑥ (解答の順序は問わない)	
$\boxed{オ}$	(2)	①	
$\boxed{カ}$	(2)	③	
($\boxed{キ}$, $\boxed{ク}$)	(2)	(⓪ , ①)	
($\boxed{ケ}$, $\boxed{コ}$)	(2)	(③ , ⓪)	
$\boxed{サ}$	(4)	①	
計		点	

★ *19*

解答記号　（配点）		正　解	
$\boxed{ア}$	(3)	2	
$\dfrac{\sqrt{\boxed{イ}}}{\boxed{ウ}}$	(3)	$\dfrac{\sqrt{5}}{5}$	
$\dfrac{\boxed{エオ}}{\boxed{カ}}$	(4)	$\dfrac{-3}{5}$	
$\dfrac{\sin \boxed{キ}\,\theta}{\sin \boxed{ク}\,\theta}$	(5)	$\dfrac{\sin 2\theta}{\sin 4\theta}$	
$\dfrac{\boxed{ケ}}{\boxed{コ}}$	(5)	$\dfrac{5}{6}$	
計		点	

★ *18*

解答記号　（配点）		正　解	
$\boxed{アイ}$	(3)	-2	
$\boxed{ウ}\,t^2 + \boxed{エ}\,t$	(3)	$4t^2 + 2t$	
$\dfrac{\boxed{オカ}+\sqrt{\boxed{キ}}}{\boxed{ク}}$	(4)	$\dfrac{-1+\sqrt{5}}{2}$	
$\dfrac{\boxed{ケコ}-\sqrt{\boxed{サ}}}{\boxed{シ}}$	(5)	$\dfrac{-1-\sqrt{5}}{4}$	
$\dfrac{\boxed{ス}+\sqrt{\boxed{セ}}}{\boxed{ソ}}$	(5)	$\dfrac{1+\sqrt{5}}{4}$	
計		点	

★★ *20*

解答記号　（配点）		正　解	
$\boxed{ア}\sqrt{\boxed{イ}}$	(2)	$2\sqrt{2}$	
$\boxed{ウ}$	(2)	⓪	
$\boxed{エ}$	(2)	④	
$\boxed{オ}$	(2)	③	
$\boxed{カ}\sqrt{\boxed{キ}}$	(2)	$2\sqrt{2}$	
$\boxed{ク}$	(2)	⑧	
$\boxed{ケ}\sqrt{\boxed{コ}}$	(2)	$-\sqrt{2}$	
$\boxed{サ}$	(2)	③	
$\boxed{シ}$	(2)	④	
$\boxed{ス}$	(2)	③	
計		点	

12 解 答

★★ *21*

解答記号 （配点）		正 解	
$\boxed{ア}\,t^2-\boxed{イ}\,t-\boxed{ウ}$	(2)	$3t^2-2t-3$	
$\boxed{エオ}\leqq t\leqq\sqrt{\boxed{カ}}$	(2)	$-1\leqq t\leqq\sqrt{2}$	
$\dfrac{\boxed{キクケ}}{\boxed{コ}}\leqq y\leqq\boxed{サ}$	(3)	$\dfrac{-10}{3}\leqq y\leqq 2$	
$\boxed{シ}\,,\ \dfrac{\boxed{スセ}}{\boxed{ソ}}$	(3)	$1\,,\ \dfrac{-1}{3}$	
$\boxed{タ}$	(3)	3	
$\boxed{チ}$	(3)	⓪	
$\boxed{ツ}$	(4)	⑥	
計			点

★★ *22*

解答記号 （配点）		正 解	
$\dfrac{\boxed{ア}}{\boxed{イ}}\,,\ \boxed{ウ}\,,\ \boxed{エ}$	(3)	$\dfrac{3}{2}\,,\ 2\,,\ 1$	
$\dfrac{\boxed{オ}}{\boxed{カ}}\,,\ \boxed{キ}$	(3)	$\dfrac{5}{2}\,,\ 1$	
$\dfrac{\boxed{ク}}{\boxed{ケ}}$	(2)	$\dfrac{4}{5}$	
$\dfrac{\boxed{コ}}{\boxed{サ}}$	(2)	$\dfrac{3}{5}$	
$\dfrac{\boxed{シ}}{\boxed{ス}}$	(3)	$\dfrac{7}{2}$	
$\dfrac{\boxed{セソ}}{\boxed{タ}}$	(3)	$\dfrac{-3}{2}$	
$\dfrac{\boxed{チ}}{\boxed{ツ}}$	(4)	$\dfrac{3}{4}$	
計			点

★★★ *23*

解答記号 （配点）		正 解	
$\boxed{ア}\,,\ \boxed{イ}\,,\ \boxed{ウ}$	(3)	$2\,,\ 3\,,\ 2$	
$\boxed{エ}\,,\ \boxed{オ}\,,\ \boxed{カ}$	(3)	$2\,,\ 2\,,\ 2$	
$\boxed{キ}$	(3)	②	
$\boxed{ク}\,,\ \boxed{ケ}$	(4)	①，⑤	
$\boxed{コ}\,,\ \boxed{サ}$	(4)	②，⑧	
$\boxed{シ}\,,\ \boxed{ス}$	(3)	②，⑤	
計			点

★★★ *24*

解答記号 （配点）		正 解	
$\boxed{ア}\,\sin^3\theta-(\boxed{イ}\,a$ $+\boxed{ウ}\,)\sin^2\theta$	(2)	$2\sin^3\theta-(6a$ $+3)\sin^2\theta$	
$(\boxed{エ}\,a+\boxed{オ}\,)\sin\theta$ $-\boxed{カキ}$	(2)	$(9a+1)\sin\theta$ $-3a$	
$\boxed{ク}$	(3)	6	
$\dfrac{\boxed{ケ}}{\boxed{コ}}\pi\,,\ \dfrac{\boxed{サシ}}{\boxed{ス}}\pi$	(4)	$\dfrac{5}{6}\pi\,,\ \dfrac{13}{6}\pi$	
$\boxed{セソ}$	(4)	10	
$\dfrac{\boxed{タチ}}{\boxed{ツ}}<a<$ $\dfrac{\boxed{テ}\sqrt{\boxed{ト}}}{\boxed{ナ}}$	(5)	$\dfrac{-1}{3}<a<$ $\dfrac{-\sqrt{3}}{6}$	
計			点

解 答　*13*

★ 25

解答記号　（配点）		正　解	
$\boxed{ア}$	(2)	⓪	
$\boxed{イ}$	(2)	⓪	
$\boxed{ウ}$	(3)	①	
$\boxed{エ}$	(3)	②	
$\boxed{オ}$	(2)	c	
$\boxed{カ}$	(2)	0	
$\boxed{キ}$	(2)	a	
$\boxed{ク}$	(2)	1	
$\boxed{ケ}$	(2)	b	
計		点	

★ 26

解答記号　（配点）		正　解	
$\boxed{ア}$	(2)	4	
$\dfrac{\boxed{イ}}{\boxed{ウ}}$	(2)	$\dfrac{2}{3}$	
$\dfrac{\boxed{エオ}}{\boxed{カ}}$	(3)	$\dfrac{28}{3}$	
$\dfrac{\boxed{キ}}{\boxed{ク}}$	(3)	$\dfrac{1}{2}$	
$\dfrac{\boxed{ケ}}{\boxed{コ}}$	(4)	$\dfrac{4}{3}$	
$\boxed{サ}>\boxed{シ}>\boxed{ス}$	(6)	$d>c>b$	
計		点	

★★ 27

解答記号　（配点）		正　解	
$t^{\boxed{ア}}-\boxed{イ}$	(2)	t^2-2	
$t^{\boxed{ウ}}-\boxed{エ}\,t$	(2)	t^3-3t	
$\boxed{オ}\,t^3-\boxed{カキ}\,t^2+$ $\boxed{クケ}\,t+\boxed{コサ}$	(4)	$8t^3-36t^2+$ $30t+25$	
$(\boxed{シ}\,t+\boxed{ス})$ $(\boxed{セ}\,t-\boxed{ソ})^2$	(2)	$(2t+1)$ $(2t-5)^2$	
$\boxed{タ}$	(3)	2	
$\dfrac{\boxed{チ}}{\boxed{ツ}}$	(2)	$\dfrac{5}{2}$	
$\boxed{テ}$	(3)	0	
$\boxed{ト}\,,\ \boxed{ナニ}$	(2)	$1,\ -1$	
計		点	

★★ 28

解答記号　（配点）		正　解	
$t^2-\boxed{ア}\,t$	(1)	t^2-3t	
$\boxed{イ}$	(1)	0	
$1-\log_3\boxed{ウ}$	(3)	$1-\log_3 2$	
$\dfrac{\boxed{エオ}}{\boxed{カ}}$	(2)	$\dfrac{-9}{4}$	
$X^2+\boxed{キ}\,X-\boxed{クケ}$	(3)	$X^2+2X-24$	
$\boxed{コ}\log_3\boxed{サ}$	(4)	$2\log_3 2$	
$\boxed{シス}<a<\boxed{セソ}$	(6)	$-4<a<-3$	
計		点	

14 解 答

★★★ *29*

解答記号 （配点）		正 解	
$\dfrac{\boxed{アイ}}{\boxed{ウ}}<x<\boxed{エ}$	(1)	$\dfrac{-1}{2}<x<4$	
$\boxed{オカキ}$	(1)	$-3a$	
$\boxed{ク}$	(1)	③	
$\boxed{ケ}$, $\boxed{コ}$	(2)	②，③ (解答の順序は問わない)	
$\dfrac{\boxed{サシ}}{\boxed{スセ}}$	(3)	$\dfrac{11}{18}$	
$\dfrac{\boxed{ソ}}{\boxed{タ}}$	(3)	$\dfrac{3}{2}$	
$\dfrac{\boxed{チツ}}{\boxed{テ}}<a\leqq\dfrac{\boxed{ト}}{\boxed{ナ}}$	(3)	$\dfrac{-4}{3}<a\leqq\dfrac{2}{3}$	
$\dfrac{\boxed{ニ}}{\boxed{ヌ}}<a<\dfrac{\boxed{ネ}}{\boxed{ノ}}$	(3)	$\dfrac{1}{6}<a<\dfrac{2}{3}$	
$\boxed{ハ}<x<\dfrac{\boxed{ヒ}}{\boxed{フ}}$	(3)	$1<x<\dfrac{5}{2}$	
計			点

★★★ *30*

解答記号 （配点）		正 解	
$\boxed{ア}$	(1)	⑥	
$\boxed{イ}$	(1)	④	
$\boxed{ウ}$, $\boxed{エ}$, $\boxed{オ}$	(2)	⓪，②，⑥ (解答の順序は問わない)	
$\boxed{カ}$	(1)	2	
$\boxed{キ}$	(1)	2	
$\boxed{ク}$, $\boxed{ケ}$	(2)	⓪，① (解答の順序は問わない)	
$\boxed{コ}$	(1)	⑨	
$\boxed{サ}$	(1)	⑧	
$\boxed{シ}$, $\boxed{ス}$	(2)	①，③ (解答の順序は問わない)	
$\boxed{セ}$	(1)	4	
$\boxed{ソ}$	(2)	6	
$\boxed{タ}$	(1)	4	
$\boxed{チツ}$	(2)	24	
$\boxed{テ}+\sqrt{\boxed{トナ}}$	(2)	$3+\sqrt{17}$	
計			点

解 答　　*15*

★★★ *31*

解答記号　（配点）		正　解	
$x = \boxed{ア}$,　$y = \dfrac{\boxed{イ}}{\boxed{ウ}}$	(2)	$x = 1$,　$y = \dfrac{1}{2}$	
$\boxed{エオ}$	(2)	-1	
$\sqrt{\boxed{カ}}$	(2)	$\sqrt{6}$	
$\boxed{キ}\sqrt{\boxed{ク}}$	(3)	$4\sqrt{2}$	
$\boxed{ケコ}$	(3)	16	
$(X - \boxed{サ})^2 +$ $(Y - \boxed{シ})^2 = \boxed{ス}$	(2)	$(X-1)^2 +$ $(Y-2)^2 = 5$	
$\boxed{セ}$	(3)	4	
$\boxed{ソ} - \boxed{タ}\sqrt{\boxed{チ}}$	(3)	$5 - 5\sqrt{2}$	
計		点	

★★ *32*

解答記号　（配点）		正　解	
$\boxed{ア}$	(2)	③	
$\boxed{イ}$	(2)	⑤	
$\boxed{ウ}$	(2)	①	
$\boxed{エ}$	(2)	⓪	
$\boxed{オカ} - \boxed{キ}$	(2)	$2a - 2$	
$\boxed{クケ} + \boxed{コ} - \boxed{サ}$	(2)	$5a + b - 2$	
$\boxed{シ}$	(2)	⑦	
$\boxed{スセ}$	(3)	17	
$\boxed{ソ}$	(3)	④	
計		点	

★ *33*

解答記号　（配点）		正　解	
$\boxed{ア}$	(1)	②	
$\boxed{イ}$	(1)	⑤	
$\boxed{ウ}$	(1)	⑦	
$\boxed{エ}$,　$\boxed{オ}$	(2)	②, ⑤ （解答の順序は問わない）	
$\boxed{カキ}\,a$	(1)	$-6a$	
$\boxed{ク}$	(1)	0	
$\boxed{ケコ}$	(1)	-4	
$\boxed{サ}$	(2)	6	
$\boxed{シス}$	(2)	-1	
$(\boxed{セ},\ \boxed{ソ})$	(2)	$(1,\ 1)$	
$(\boxed{タ},\ \boxed{チツ})$	(2)	$(3,\ 23)$	
$\boxed{テト}$	(2)	12	
$\boxed{ナニ}$	(2)	12	
計		点	

★ *34*

解答記号　（配点）		正　解	
$\boxed{ア}$,　$\boxed{イウ}$	(3)	$0,\ 2a$	
$\boxed{エ}$,　$\boxed{オ}$	(4)	②, ⑦ （解答の順序は問わない）	
$\boxed{カ}$,　$\boxed{キ}$	(4)	③, ⑤ （解答の順序は問わない）	
$\boxed{ク}$	(3)	⑥	
$\boxed{ケ}$	(3)	⑤	
$\boxed{コ}$	(3)	⑥	
計		点	

解
答

16 解 答

** 35

解答記号 （配点）		正 解	
$\sqrt{\boxed{ア}}$	(3)	$\sqrt{2}$	
$\boxed{イウ}$	(1)	$2a$	
$\boxed{エ}$	(1)	2	
$\boxed{オ}$	(4)	2	
$\boxed{カ}\sqrt{\boxed{キ}}$	(4)	$8\sqrt{2}$	
$\boxed{ク}$, $\boxed{ケ}$	(3)	2 , 3	
$\dfrac{\boxed{コ}}{\boxed{サ}}$	(4)	$\dfrac{1}{2}$	
計			点

** 36

解答記号 （配点）		正 解	
$\left(1,\ \dfrac{\boxed{ア}}{\boxed{イ}}\right)$	(1)	$\left(1,\ \dfrac{2}{3}\right)$	
$(\boxed{ウ}-\boxed{エ}\,a)x$ $+\boxed{オ}\,a-\dfrac{\boxed{カ}}{\boxed{キ}}$	(3)	$(1-2a)x$ $+2a-\dfrac{1}{3}$	
$\dfrac{\boxed{クケ}}{\boxed{コ}}a^3+a+\dfrac{\boxed{サ}}{\boxed{シ}}$	(4)	$\dfrac{-4}{3}a^3+a$ $+\dfrac{1}{3}$	
$\dfrac{\boxed{ス}}{\boxed{セ}}$	(3)	$\dfrac{3}{2}$	
$\boxed{ソタ}\,a+\dfrac{\boxed{チツ}}{\boxed{テ}}$	(4)	$-8a+\dfrac{28}{3}$	
$\dfrac{\boxed{ト}}{\boxed{ナ}}$	(5)	$\dfrac{2}{3}$	
計			点

** 37

解答記号 （配点）		正 解	
$\boxed{ア}$	(2)	1	
$\boxed{イウ}\,a^2+\boxed{エ}\,a$ $+\boxed{オ}$	(4)	$-3a^2+3a$ $+2$	
$\boxed{カ}$	(2)	2	
$\boxed{キ}\,a^3-\boxed{ク}\,a^2$ $-\boxed{ケ}\,a+\boxed{コ}$	(4)	$2a^3-3a^2$ $-3a+6$	
$\boxed{サ}\,a^2-\boxed{シ}\,a-\boxed{ス}$	(4)	$3a^2-3a-2$	
$\dfrac{\boxed{セ}+\sqrt{\boxed{ソ}}}{\boxed{タ}}$	(4)	$\dfrac{1+\sqrt{3}}{2}$	
計			点

** 38

解答記号 （配点）		正 解	
$\dfrac{\boxed{ア}}{\boxed{イ}}x-\boxed{ウ}$	(3)	$\dfrac{3}{2}x-2$	
$\boxed{エ}$	(4)	4	
$\left(\boxed{オ},\ \dfrac{\boxed{カ}}{\boxed{キ}}\right)$	(1)	$\left(1,\ \dfrac{3}{2}\right)$	
$\dfrac{\boxed{クケ}}{\boxed{コ}}x^2+\dfrac{\boxed{サ}}{\boxed{シ}}x$ $+\boxed{ス}$	(4)	$\dfrac{-1}{2}x^2+\dfrac{3}{2}x$ $+2$	
$(\boxed{セソ},\ \boxed{タチ})$	(3)	$(-2,\ -3)$	
$\dfrac{\boxed{ツ}}{\boxed{テ}}$	(5)	$\dfrac{8}{3}$	
計			点

解 答 *17*

** *39*

解答記号　（配点）	正　解	
$\boxed{ア}(a+\boxed{イ})x$ $+a^{\boxed{ウ}}$　(4)	$2(a+1)x$ $+a^2$	
$\dfrac{\sqrt{\boxed{エ}}}{\boxed{オ}}$　(3)	$\dfrac{\sqrt{5}}{2}$	
$\dfrac{\boxed{カ}\sqrt{\boxed{キ}}}{\boxed{クケ}}$　(4)	$\dfrac{5\sqrt{5}}{12}$	
$\boxed{コ}-\boxed{サ}a$　(3)	$2-3a$	
$\dfrac{\boxed{シ}}{\boxed{スセ}}$　(6)	$\dfrac{1}{16}$	
計		点

** *40*

解答記号　（配点）	正　解	
$\dfrac{\boxed{ア}}{\boxed{イ}}px-\dfrac{\boxed{ウ}}{\boxed{エ}}p^2$　(4)	$\dfrac{3}{4}px-\dfrac{3}{8}p^2$	
$\left(\dfrac{\boxed{オ}}{\boxed{カ}},\dfrac{\boxed{キ}}{\boxed{ク}}\right)$　(5)	$\left(\dfrac{4}{3},\dfrac{2}{3}\right)$	
$\dfrac{\boxed{ケ}\sqrt{\boxed{コ}}}{\boxed{サ}}$　(5)	$\dfrac{4\sqrt{2}}{3}$	
$\dfrac{\boxed{シ}}{\boxed{ス}}\left(\dfrac{\boxed{セソ}}{\boxed{タ}}-\pi\right)$　(6)	$\dfrac{8}{9}\left(\dfrac{10}{3}-\pi\right)$	
計		点

*** *41*

解答記号　（配点）	正　解	
$\boxed{ア}$, $\boxed{イ}$　(4)	③ , ⑤ (解答の順序は問わない)	
$\boxed{ウ}$, $\boxed{エ}$　(4)	② , ⑧ (解答の順序は問わない)	
$\boxed{オ}$　(2)	⓪	
$\boxed{カ}$　(2)	③	
$\boxed{キ}$　(2)	④	
$\boxed{ク}$　(2)	①	
$\boxed{ケ}$　(2)	④	
$\boxed{コ}$　(2)	③	
計		点

解
答

18   解 答

★★★ *42*

解答記号　（配点）		正 解	
$\boxed{ア}$	(1)	3	
$\dfrac{(\boxed{イ}-a)^{\boxed{ウ}}}{\boxed{エ}}$	(2)	$\dfrac{(3-a)^3}{6}$	
$\dfrac{\boxed{オ}}{\boxed{カ}}$	(2)	$\dfrac{9}{4}$	
$\left(\dfrac{\boxed{キ}}{a+\boxed{ク}},\ \dfrac{\boxed{ケコ}}{a+\boxed{サ}}\right)$	(2)	$\left(\dfrac{9}{a+3},\ \dfrac{9a}{a+3}\right)$	
$\dfrac{\boxed{シ}}{\boxed{ス}}$	(3)	$\dfrac{3}{2}$	
$-\dfrac{\boxed{セ}}{\boxed{ソ}}a^3+\boxed{タ}a^2$ $-\dfrac{\boxed{チ}}{\boxed{ツ}}a+\dfrac{\boxed{テ}}{\boxed{ト}}$	(3)	$-\dfrac{1}{3}a^3+3a^2$ $-\dfrac{9}{2}a+\dfrac{9}{2}$	
$\boxed{ナ}$	(2)	①	
$\dfrac{\boxed{ニ}(\boxed{ヌ}-\sqrt{\boxed{ネ}})}{\boxed{ノ}}$	(3)	$\dfrac{9(2-\sqrt{2})}{2}$	
$\dfrac{\boxed{ハ}-\boxed{ヒ}\sqrt{\boxed{フ}}}{\boxed{ヘ}}$	(2)	$\dfrac{6-3\sqrt{2}}{2}$	
計			点

★ *43*

解答記号　（配点）		正 解	
$\boxed{アイ}$	(1)	31	
$\boxed{ウエオ}$	(2)	961	
$\boxed{カキ}$	(1)	62	
$\boxed{クケコサ}$	(2)	1922	
$\boxed{シス}$	(2)	33	
$\boxed{セソ}$	(2)	-3	
$\boxed{タ}(m+1)$ $(c-\boxed{チ}m-\boxed{ツ})$	(3)	$2(m+1)$ $(c-2m-1)$	
$\boxed{テ}(2m+1)$ $(c-\boxed{ト}m-\boxed{ナ})$	(3)	$2(2m+1)$ $(c-4m-1)$	
$\boxed{ニヌ}m^2+\boxed{ネ}$	(2)	$-4m^2+1$	
$\boxed{ノ}m^2+\boxed{ハヒ}$	(2)	$2m^2+31$	
計			点

★ *44*

解答記号　（配点）		正 解	
$\boxed{ア}$	(2)	3	
$\boxed{イ}$	(2)	2	
$\dfrac{\boxed{ウ}}{\boxed{エ}}n^3+\boxed{オ}n^2$ $+\dfrac{\boxed{カキ}}{\boxed{ク}}n$	(4)	$\dfrac{4}{3}n^3+6n^2$ $+\dfrac{23}{3}n$	
$\dfrac{n}{\boxed{ケ}(\boxed{コ}n+\boxed{サ})}$	(4)	$\dfrac{n}{3(2n+3)}$	
$\boxed{シ}$	(1)	②	
$\boxed{ス}$	(1)	③	
$\boxed{セ}$	(3)	⑦	
$\boxed{ソ}n^2+\boxed{タ}n$	(3)	$8n^2+8n$	
計			点

** 45

解答記号 （配点）		正　解	
$\dfrac{\boxed{ア}}{\boxed{イ}}$	(1)	$\dfrac{4}{3}$	
$\dfrac{\boxed{ウ}}{\boxed{エ}}$	(1)	$\dfrac{4}{9}$	
$\dfrac{\boxed{オカ}}{\boxed{キ}}$	(2)	$\dfrac{12}{5}$	
$\dfrac{\boxed{ク}}{\boxed{ケ}}$	(1)	$\dfrac{4}{9}$	
$\boxed{コ}$	(2)	2	
$\dfrac{\boxed{サ}}{\boxed{シ}}$	(2)	$\dfrac{2}{3}$	
$\dfrac{\boxed{ス}}{\boxed{セ}}$	(2)	$\dfrac{4}{3}$	
$\boxed{ソ}$	(1)	①	
$\boxed{タ}$	(1)	①	
$\dfrac{\boxed{チツ}}{\boxed{テト}}$	(2)	$\dfrac{12}{25}$	
$\boxed{ナ}$	(1)	9	
$\boxed{ニ}\,n+\boxed{ヌ}$	(1)	$5n+9$	
$\dfrac{\boxed{ネ}}{\boxed{ノ}}$	(1)	$\dfrac{9}{4}$	
$\dfrac{\boxed{ハ}}{\boxed{ヒ}}$, $\boxed{フ}$, $\boxed{ヘ}$	(2)	$\dfrac{5}{4}$, 1, 3	
計		点	

** 46

解答記号 （配点）		正　解	
$\boxed{アイ}$	(2)	33	
$\boxed{ウ}$	(1)	2	
$\boxed{エ}$	(1)	4	
$\boxed{オ}\,n^2-\boxed{カ}\,n$ $+\boxed{キ}$	(2)	$2n^2-4n+3$	
$\boxed{クケ}$	(2)	20	
$\boxed{コサ}$	(2)	28	
$\boxed{シ}\,n^3-\boxed{ス}\,n^2$ $+\boxed{セ}\,n-\boxed{ソ}$	(3)	$4n^3-6n^2$ $+4n-1$	
$\boxed{タ}\,n^2+\boxed{チ}\,n$	(2)	$2n^2+4n$	
$\dfrac{\boxed{ツ}}{\boxed{テ}}\left(\dfrac{1}{n}-\dfrac{1}{n+\boxed{ト}}\right)$	(2)	$\dfrac{1}{4}\left(\dfrac{1}{n}-\dfrac{1}{n+2}\right)$	
$\dfrac{\boxed{ナ}\,n^2+\boxed{ニ}\,n}{\boxed{ヌ}\,(n^2+\boxed{ネ}\,n+\boxed{ノ})}$	(3)	$\dfrac{3n^2+5n}{8(n^2+3n+2)}$	
計		点	

20 解 答

*** *47*

解答記号 （配点）		正 解	
アイ	(2)	92	
ウエ	(2)	14	
オカ	(2)	98	
キク	(2)	21	
ケコ	(2)	41	
サシ	(2)	21	
$\dfrac{スセ}{2^{\boxed{ソ}}}$	(3)	$\dfrac{27}{2^9}$	
タ	(1)	④	
チ	(1)	⑤	
ツ	(1)	②	
テ	(1)	⑧	
ト	(1)	①	
計			点

*** *48*

解答記号 （配点）		正 解	
ア	(1)	5	
$-\dfrac{\boxed{イ}}{\boxed{ウ}}a_n+\boxed{エ}$	(2)	$-\dfrac{2}{3}a_n+5$	
$\boxed{オ}\left(-\dfrac{\boxed{カ}}{\boxed{キ}}\right)^{n-1}+\boxed{ク}$	(3)	$2\left(-\dfrac{2}{3}\right)^{n-1}+3$	
$\dfrac{\boxed{ケ}}{\boxed{コ}}$	(2)	$\dfrac{2}{5}$	
$\dfrac{\boxed{サ}\,n^2+\boxed{シ}\,n}{\boxed{ス}}$	(2)	$\dfrac{3n^2+3n}{2}$	
$\dfrac{\boxed{セ}}{\boxed{ソタ}}$	(3)	$\dfrac{8}{25}$	
$\dfrac{\boxed{チツ}}{\boxed{テト}}n+\dfrac{\boxed{ナニ}}{\boxed{ヌネ}}$	(3)	$\dfrac{27}{10}n+\dfrac{12}{25}$	
$\dfrac{\boxed{ノハ}}{\boxed{ヒ}}\left\{\left(\dfrac{\boxed{フ}}{\boxed{ヘ}}\right)^n-1\right\}+\boxed{ホ}\,n$	(4)	$\dfrac{12}{5}\left\{\left(\dfrac{4}{9}\right)^n-1\right\}+3n$	
計			点

解 答　*21*

*** *49*

解答記号（配点）		正　解	
ア	(1)	3	
イ	(1)	4	
ウ $n-$ エ	(2)	$4n-1$	
オ n^2+n	(2)	$2n^2+n$	
カ	(2)	0	
キ	(2)	3	
ク $n+$ ケ	(2)	$8n+6$	
コ	(2)	4	
サ	(2)	5	
シ	(1)	9	
ス	(1)	3	
セ , ソ , タ , チ	(2)	3, ③, 4, 5	
計			点

*** *50*

解答記号（配点）		正　解	
$\dfrac{ア}{イ}$	(1)	$\dfrac{1}{3}$	
$\dfrac{ウ}{エ}$	(1)	$\dfrac{2}{3}$	
$\dfrac{オ}{カ}$	(2)	$\dfrac{5}{3}$	
$\dfrac{キ}{ク}$	(1)	$\dfrac{2}{3}$	
ケ	(1)	②	
コ , サ , シ , ス , セ	(3)	5, 3, ①, 2, ②	
$\dfrac{ソ}{タ}$, チ	(2)	$\dfrac{3}{2}$, 1	
ツ , テ , ト	(2)	5, ①, 2	
ナニ	(1)	81	
ヌネ	(1)	65	
ノハ	(1)	10	
ヒ , フヘ	(2)	8, 13	
ホ	(2)	9	
計			点

解答

22　解　答

*51

解答記号　（配点）		正　解	
$\dfrac{\boxed{ア}}{a+\boxed{イ}}\overrightarrow{AB}$	(1)	$\dfrac{a}{a+6}\overrightarrow{AB}$	
$\dfrac{\boxed{ウ}}{a+\boxed{エ}}\overrightarrow{AC}$	(1)	$\dfrac{1}{a+6}\overrightarrow{AC}$	
$\boxed{オ}$	(2)	8	
$\dfrac{\boxed{カ}}{\boxed{キク}}\overrightarrow{AD}$	(2)	$\dfrac{9}{14}\overrightarrow{AD}$	
$\boxed{ケ}:\boxed{コ}$	(1)	$9:5$	
$\dfrac{\boxed{サ}}{\boxed{シ}},\dfrac{\boxed{ス}}{\boxed{セ}}$	(2)	$\dfrac{1}{3},\dfrac{1}{3}$	
$\dfrac{\boxed{ソ}}{\boxed{タ}}$	(3)	$\dfrac{1}{6}$	
$\dfrac{\boxed{チツ}}{\boxed{テ}}$	(2)	$\dfrac{35}{2}$	
$\dfrac{\boxed{トナニ}}{\boxed{ヌネ}}$	(3)	$\dfrac{101}{12}$	
$\sqrt{\boxed{ノ}}$	(3)	$\sqrt{7}$	
計		点	

*52

解答記号　（配点）		正　解	
$\boxed{ア}\overrightarrow{AC}$	(2)	$a\overrightarrow{AC}$	
$\dfrac{\boxed{イ}}{\boxed{ウ}}\overrightarrow{AB}$	(2)	$\dfrac{1}{6}\overrightarrow{AB}$	
$\dfrac{\boxed{エ}-a}{\boxed{オ}-\boxed{カ}}\overrightarrow{AB}$	(2)	$\dfrac{1-a}{6-a}\overrightarrow{AB}$	
$\dfrac{\boxed{キク}}{\boxed{ケ}-\boxed{コ}}\overrightarrow{AC}$	(2)	$\dfrac{5a}{6-a}\overrightarrow{AC}$	
$\dfrac{\boxed{サ}-\boxed{シ}}{\boxed{ス}\,a+\boxed{セ}}\overrightarrow{AB}$	(2)	$\dfrac{1-a}{4a+1}\overrightarrow{AB}$	
$\dfrac{\boxed{ソタ}}{\boxed{チ}\,a+\boxed{ツ}}\overrightarrow{AC}$	(2)	$\dfrac{5a}{4a+1}\overrightarrow{AC}$	
$a+\boxed{テ}$	(2)	$a+6$	
$\boxed{ト}\,a+\boxed{ナ}$	(2)	$6a+1$	
$\dfrac{\boxed{ニ}}{\boxed{ヌ}}$	(4)	$\dfrac{1}{6}$	
計		点	

**53

解答記号　（配点）		正　解	
$\boxed{アイ}$	(3)	$3a$	
$\dfrac{\boxed{ウエ}}{\boxed{オ}}$	(3)	$\dfrac{7c}{2}$	
$\boxed{カ}$	(4)	①	
$\boxed{キ}$	(3)	2	
$\boxed{ク}$	(3)	4	
$\boxed{ケ}$	(4)	8	
計		点	

解 答　*23*

*** 54*

解答記号　（配点）		正　解	
$\dfrac{\boxed{ア}}{\boxed{イ}}$, $\boxed{ウ}$	(2)	$\dfrac{4}{5}$, 7	
$\dfrac{\boxed{エ}}{\boxed{オ}}$, $\boxed{カ}$	(2)	$\dfrac{1}{2}$, 1	
$\dfrac{\boxed{キ}}{\boxed{クケ}}$, $\dfrac{\boxed{コ}}{\boxed{サ}}$	(2)	$\dfrac{7}{10}$, $\dfrac{7}{5}$	
$s+\boxed{シ}t=\boxed{ス}$	(2)	$s+2t=2$	
$\boxed{セ}$, $\boxed{ソ}$	(2)	2 , 4	
$\dfrac{\boxed{タ}}{\boxed{チ}}$, $\boxed{ツ}$	(2)	$\dfrac{7}{4}$, 1	
$\dfrac{\boxed{テ}\sqrt{\boxed{ト}}}{\boxed{ナ}}$	(2)	$\dfrac{5\sqrt{2}}{4}$	
$\boxed{ニ}$, $\boxed{ヌ}$, $\boxed{ネ}$	(2)	2 , 2 , 2	
$\dfrac{\boxed{ノ}}{\boxed{ハ}}$	(2)	$\dfrac{1}{2}$	
$\dfrac{\boxed{ヒ}}{\boxed{フ}}$, $\dfrac{\boxed{ヘ}}{\boxed{ホ}}$	(2)	$\dfrac{2}{5}$, $\dfrac{4}{5}$	
計			点

** 55*

解答記号　（配点）		正　解	
$\boxed{ア}$	(1)	3	
$\boxed{イ}$	(1)	3	
$\boxed{ウエ}$	(1)	-1	
$\boxed{オカ}$	(1)	-1	
$\boxed{キ}$	(2)	2	
$\sqrt{\boxed{ク}}$	(2)	$\sqrt{7}$	
$\sqrt{\boxed{ケ}}$	(2)	$\sqrt{7}$	
$\sqrt{\boxed{コサ}}$	(2)	$\sqrt{14}$	
$\boxed{シ}$	(2)	3	
$\dfrac{\boxed{ス}}{\boxed{セソ}}$	(2)	$\dfrac{6}{11}$	
$\boxed{タチ}$	(2)	10	
$\dfrac{\boxed{ツ}}{\boxed{テト}}$, $\dfrac{\boxed{ナニ}}{\boxed{ヌネ}}$	(2)	$\dfrac{1}{10}$, $\dfrac{11}{15}$	
計			点

解
答

24　　解　答

** *56*

解答記号　（配点）		正　解	
$(\boxed{ア}-a)(\boxed{イ}-b)$	(1)	$(1-a)(1-b)$	
$\boxed{ウエ}(\boxed{オ}-b)$	(1)	$2a(1-b)$	
$\boxed{カ}\,b$	(1)	$3b$	
$\left(x-\dfrac{\boxed{キ}}{\boxed{ク}}\right)^2+$ $\left(y-\dfrac{\boxed{ケ}}{\boxed{コ}}\right)^2+$ $(z-\boxed{サ})^2$	(2)	$\left(x-\dfrac{1}{2}\right)^2+$ $\left(y-\dfrac{1}{3}\right)^2+$ $(z-1)^2$	
$\dfrac{\boxed{シ}}{\boxed{ス}}$	(2)	$\dfrac{1}{4}$	
$\left(\dfrac{\boxed{セ}}{\boxed{ソ}},\ \dfrac{\boxed{タ}}{\boxed{チツ}},\ \dfrac{\boxed{テ}}{\boxed{ト}}\right)$	(3)	$\left(\dfrac{2}{7},\ \dfrac{4}{21},\ \dfrac{4}{7}\right)$	
$\dfrac{\boxed{ナ}}{\boxed{ニ}}$	(2)	$\dfrac{3}{2}$	
$(\boxed{ヌ}+t,\ \boxed{ネ}+t,$ $\boxed{ノ}+t)$	(2)	$(2+t,\ 2+t,$ $3+t)$	
$\dfrac{\boxed{ハ}}{\boxed{ヒ}}$	(3)	$\dfrac{1}{3}$	
$\dfrac{\boxed{フ}}{\boxed{ヘホ}}$	(3)	$\dfrac{5}{11}$	
計		点	

** *57*

解答記号　（配点）		正　解	
$\dfrac{\boxed{ア}}{\boxed{イ}},\ \boxed{ウ}$	(1)	$\dfrac{4}{3},\ 2$	
$\boxed{エ},\ \boxed{オ}$	(1)	$4,\ 4$	
$\boxed{カ}-\boxed{キ}\,a,$ $\boxed{ク}\,a+\boxed{ケ},$ $\boxed{コ}$	(1)	$4-4a,$ $2a+2,$ 4	
$\dfrac{\boxed{サ}}{\boxed{シ}}$	(3)	$\dfrac{1}{3}$	
$\dfrac{\boxed{ス}}{\boxed{セ}}(\boxed{ソ}\,a^2-$ $\boxed{タチ}\,a-\boxed{ツ})$	(3)	$\dfrac{4}{9}(9a^2-$ $12a-1)$	
$\dfrac{\boxed{テ}}{\boxed{ト}}$	(2)	$\dfrac{2}{3}$	
$\dfrac{\boxed{ナ}}{\boxed{ニ}},\ \dfrac{\boxed{ヌ}}{\boxed{ネ}},\ \dfrac{\boxed{ノ}}{\boxed{ハ}}$	(3)	$\dfrac{2}{9},\ \dfrac{5}{9},\ \dfrac{2}{9}$	
$\dfrac{\boxed{ヒ}}{\boxed{フ}}$	(3)	$\dfrac{2}{7}$	
$\dfrac{\boxed{ヘ}}{\boxed{ホ}}$	(3)	$\dfrac{2}{5}$	
計		点	

解　答　*25*

★★★ *58*

解答記号　（配点）		正　解	
ア	(1)	3	
イ $\sqrt{}$ ウ	(1)	$3\sqrt{2}$	
エ	(1)	9	
オカ °	(1)	$45°$	
$\dfrac{キ}{ク}$	(1)	$\dfrac{9}{2}$	
ケコ	(2)	-1	
サ	(2)	1	
$($ シ ， ス ， セソ $)$	(2)	$(2,\ 1,\ -2)$	
$\dfrac{タ}{チ}$	(2)	$\dfrac{9}{2}$	
$\left(\dfrac{ツテ}{ト},\ 0,\ \dfrac{ナ}{ニ}\right)$	(2)	$\left(\dfrac{12}{5},\ 0,\ \dfrac{3}{5}\right)$	
$\dfrac{ヌネ}{ノハ}$	(2)	$\dfrac{81}{40}$	
$\dfrac{ヒフ}{ヘホ}$	(3)	$\dfrac{99}{40}$	
計		点	

解
答

26 **解　説**

1

(1) $(x+y)\left(\dfrac{2}{x}+\dfrac{1}{2y}\right)=\dfrac{2y}{x}+\dfrac{x}{2y}+\dfrac{5}{2}$

$t=\dfrac{y}{x}$ とおくと

$(x+y)\left(\dfrac{2}{x}+\dfrac{1}{2y}\right)=2t+\dfrac{1}{2t}+\dfrac{5}{2}$

$2t+\dfrac{1}{2t}+\dfrac{5}{2}=4$

とすると

$2t-\dfrac{3}{2}+\dfrac{1}{2t}=0$

$4t^2-3t+1=0$

(判別式)$=9-4\cdot4=-\mathbf{7}$

(2) 判別式の値が負であるから，t は虚数（③）となる。

(3) $x+y\geqq2\sqrt{xy}$ の等号が成り立つのは $x=y$ のとき。

$\dfrac{2}{x}+\dfrac{1}{2y}\geqq2\sqrt{\dfrac{2}{x}\cdot\dfrac{1}{2y}}$ の等号が成り立つのは $\dfrac{2}{x}=\dfrac{1}{2y}$，つまり $x=4y$ のとき。

$x=y$ かつ $x=4y$ を満たす正の数 x，y はない。（②）

(4) $2t+\dfrac{1}{2t}+\dfrac{5}{2}\geqq2\sqrt{2t\cdot\dfrac{1}{2t}}+\dfrac{5}{2}=\dfrac{\mathbf{9}}{\mathbf{2}}$

等号は $2t=\dfrac{1}{2t}$，つまり $t=\dfrac{1}{2}$ のとき成り立つ。

よって，$t=\dfrac{\mathbf{1}}{\mathbf{2}}$ のとき，最小値 $\dfrac{9}{2}$ をとる。

$\dfrac{y}{x}=\dfrac{1}{2}$ より，例えば $x=2$ とすると $y=1$

← 相加平均と相乗平均の関係。
$a>0$，$b>0$ のとき
$\dfrac{a+b}{2}\geqq\sqrt{ab}$
等号は $a=b$ のとき成立。
$x=y=0$ となる。

2

(1) 割り算を実行すると

$$
\begin{array}{r}
x^2-2x-6 \\
x^2+2x+a\overline{)x^4+(a-10)x^2-(2a+7)x-6a+4} \\
\underline{x^4+2x^3+ax^2} \\
-2x^3-10x^2-(2a+7)x \\
\underline{-2x^3-4x^2-2ax} \\
-6x^2-7x-6a+4 \\
\underline{-6x^2-12x-6a} \\
5x+4
\end{array}
$$

商は x^2-2x-6，余りは $5x+4$

(2) $p=1+\sqrt{7}$ とおくと
$$(p-1)^2=(\sqrt{7})^2 \quad \therefore \quad p^2-2p-6=0 \qquad \cdots\cdots\text{①}$$
よって，p は2次方程式
$$x^2-2x-6=0$$
の解の1つである。(1)より
$$f(x)=(x^2+2x+a)(x^2-2x-6)+5x+4$$

← (1)の結果が利用できる。

と変形できるので
$$f(p)=(p^2+2p+a)(p^2-2p-6)+5p+4$$

← $p^2-2p-6=0$

$$=5p+4 \quad (\text{①より})$$
$$=5(1+\sqrt{7})+4$$
$$=9+5\sqrt{7}$$
また，$h(n)=f(p)-n(4n+\sqrt{7})p$ とおくと
$$h(n)=9+5\sqrt{7}-n(4n+\sqrt{7})(1+\sqrt{7})$$
$$=-4n^2-7n+9-(4n^2+n-5)\sqrt{7}$$

← $\sqrt{7}$ で整理する。

n は整数，$\sqrt{7}$ は無理数であるから，$h(n)$ が整数のとき
$$4n^2+n-5=0 \quad \therefore \quad (n-1)(4n+5)=0$$
よって，$n=1$，このとき $h(1)=-2$

← n は整数。

3

(1) 条件(i)より
$$P(2)=5 \qquad \cdots\cdots\text{①}$$

← 剰余の定理。

条件(ii)より
$$P(x)=(x-3)^2Q(x)+4x-9 \qquad \cdots\cdots\text{②}$$
が成り立つので
$$P(3)=3 \qquad \cdots\cdots\text{③}$$
$P(x)$ を $(x-2)(x-3)$ で割ったときの商を $Q_1(x)$，余りを
a_1x+b_1 とおくと
$$P(x)=(x-2)(x-3)Q_1(x)+a_1x+b_1$$
①，③より
$$\begin{cases}2a_1+b_1=5 \\ 3a_1+b_1=3\end{cases} \quad \therefore \quad a_1=-2, \; b_1=9$$
よって，余りは $-2x+9$

(2) $$P(x)=(x-3)^2(x-2)Q_2(x)+ax^2+bx+c$$

← 商を $Q_2(x)$ とおく。

とおけるので，①より
$$4a+2b+c=5 \qquad \cdots\cdots\text{④}$$
また

28   解説

$$ax^2+bx+c=a(x-3)^2+(6a+b)x-9a+c$$

と変形できるので

$$P(x)=(x-3)^2\{(x-2)Q_2(x)+a\}+(6a+b)x-9a+c$$

よって，条件(ii)より

$$\begin{cases}6a+b=4\\-9a+c=-9\end{cases}\quad\therefore\quad\begin{cases}6a+b=4\\9a-c=9\end{cases}\qquad\cdots\cdots⑤$$

④，⑤より

$$a=6,\ \ b=-32,\ \ c=45$$

(3)　　　$Q(x)=x^2-3x+8$

$$=(x-2)(x-1)+6$$

と変形できるので，②より

$$\begin{aligned}P(x)&=(x-3)^2\{(x-2)(x-1)+6\}+4x-9\\&=(x-3)^2(x-2)(x-1)+6(x-3)^2+4x-9\\&=(x-3)^2(x-1)(x-2)+6x^2-32x+45\end{aligned}$$

よって，$P(x)$ を $(x-3)^2(x-1)$ で割ったときの商は $x-2$，
余りは $6x^2-32x+45$ である。

← ax^2+bx+c を $(x-3)^2$ で
　割って余りを求める。

$$\begin{array}{r}a\\x^2-6x+9\,\overline{)\,ax^2+\ \ bx+c}\\\underline{ax^2-6ax+9a}\\(6a+b)x-9a+c\end{array}$$

4

$$x^2+ax-2a-4=(x-2)(x+a+2)$$

であるから，①の2解は　$x=2,\ -a-2$

これが③の解であるならば，他の解を c とすると

$$x^3+px^2+qx-4a-8=(x-2)(x+a+2)(x-c)$$

と因数分解できる。右辺を展開して，両辺の係数を比較すると

$$\begin{cases}p=a-c\\q=-ac-2a-4\\-4a-8=2c(a+2)\end{cases}$$

$a>0$ より $a+2\neq0$ から $c=-2$ であり

$$p=a+2,\ \ q=-4$$

$-a^2<0$ より②は異符号の2解をもち，$-a-2<0$ であることを
考慮すれば，②の2解が③の解であるのは次の2つの場合である。

　　　(i)　②の2解が $2,\ -2$　　(ii)　②の2解が $2,\ -a-2$

(i)のとき　$-b=2+(-2),\ -a^2=2\cdot(-2)$ より

$$a^2=4,\ \ b=0\ （このとき\ a\neq b）$$

(ii)のとき　$-b=2+(-a-2),\ -a^2=2\cdot(-a-2)$ より

$$a=b,\ \ a^2-2a-4=0$$

したがって，$a>0$ より

$$a=b\ のとき\ \ a=b=1+\sqrt{5}$$

$$a\neq b\ のとき\ \ a=2,\ b=0$$

← 恒等式。

← $a\neq0$

← 正の解は2だけ。

← 解と係数の関係。

5

①の左辺を $P(x)$ とおく。$P(-1)=0$ であるから $P(x)$ は $x+1$ を因数にもつ。

組立除法を用いると

$$\begin{array}{r|rrrr}
-1 & 1 & a+1 & -5a-20 & -6a-20 \\
& & -1 & -a & 6a+20 \\
\hline
& 1 & a & -6a-20 & \boxed{0}
\end{array}$$

$$P(x)=(x+1)(x^2+ax-6a-20)$$

ゆえに，①は a の値によらずつねに $x=-1$ を解にもつ。

①の解は

$$x^2+ax-6a-20=0 \text{ の 2 解と } x=-1$$

を合わせたものであるから

$$\alpha,\ \beta \text{ は } x^2+ax-6a-20=0 \qquad \cdots\cdots②$$

の 2 解であり

$$\alpha+\beta=-a,\ \alpha\beta=-6a-20 \qquad \cdots\cdots③$$

(1) ②の判別式を D とすると

$$D=a^2-4\cdot1\cdot(-6a-20)=(a+20)(a+4)$$

よって，$\alpha,\ \beta$ がともに虚数となるのは，②が 2 つの虚数解をもつときであり，$D<0$ より

$$-20<a<-4 \quad (⑥)$$

(2) $\beta=-2\alpha$ となるとき，③より

$$\alpha=a,\ \alpha^2=3a+10$$

ゆえに，$\alpha^2-3a-10=0$ であり　$\alpha=-2,\ 5$

$$\alpha=-2 \text{ のとき } a=-2$$

$$\alpha=5 \text{ のとき } a=5$$

(3) $\beta=\alpha^2$ となるとき，③より

$$\alpha^2+\alpha=-a,\ \alpha^3=-6a-20$$

ゆえに，$\alpha^3-6\alpha^2-6\alpha+20=0$ であり

$$(\alpha+2)(\alpha^2-8\alpha+10)=0 \text{ より } \alpha=-2,\ 4\pm\sqrt{6}$$

$$\alpha=-2 \text{ のとき } a=-2$$

$$\alpha=4\pm\sqrt{6} \text{ のとき } a=-26\mp9\sqrt{6} \text{ （複号同順）}$$

← 因数定理。

← a で整理して
$$P(x)$$
$$=a(x^2-5x-6)$$
$$\quad +x^3+x^2-20x-20$$
$$=a(x+1)(x-6)$$
$$\quad +(x+1)(x^2-20)$$
$$=(x+1)\{a(x-6)+x^2-20\}$$
と変形することもできる。

← 解と係数の関係。

← $\alpha^2-3a-10=0$ でもよい。

← $\alpha+2$ をみつける。

← $a=-(\alpha^2+\alpha)$ に代入。

6

(1)

【解答 1】

$$t^2+4t+16=0$$

より　$t=-2\pm2\sqrt{3}\,i$

$$(a+bi)^2=-2+2\sqrt{3}\,i \quad (a,\ b：実数)$$

30　解　説

とすると
$$a^2-b^2+2abi=-2+2\sqrt{3}\,i$$
a^2-b^2, ab は実数であるから
$$\begin{cases}a^2-b^2=-2 & (\text{⑤}) \\ ab=\sqrt{3} & (\text{③})\end{cases}$$
b を消去すると
$$a^2-\left(\frac{\sqrt{3}}{a}\right)^2=-2$$
$$a^4+2a^2-3=0$$
$$(a^2+3)(a^2-1)=0$$
$a^2\geqq0$ より
$$a^2=1$$
よって　$a=\pm1$, $b=\pm\sqrt{3}$　（複号同順）
$$(a+bi)^2=-2-2\sqrt{3}\,i\quad(a,\ b：実数)$$
とすると
$$\begin{cases}a^2-b^2=-2 \\ ab=-\sqrt{3}\end{cases}$$
より，同様にして
$$a=\pm1,\ b=\mp\sqrt{3}\quad（複号同順）$$
よって，解は
$$x=1+\sqrt{3}\,i,\ -1-\sqrt{3}\,i,\ 1-\sqrt{3}\,i,\ -1+\sqrt{3}\,i$$

【解答 2】
$$\begin{aligned}x^4+4x^2+16&=(x^2+4)^2-(2x)^2\\&=(x^2-2x+4)(x^2+2x+4)\end{aligned}$$
より，解は
$$x=1\pm\sqrt{3}\,i,\ -1\pm\sqrt{3}\,i$$

(2)　　　$(x^2+4)^2-(3x)^2=0$
$$(x^2-3x+4)(x^2+3x+4)=0$$
$$x=\frac{3\pm\sqrt{7}\,i}{2},\ \frac{-3\pm\sqrt{7}\,i}{2}$$

7

(1)　$(1+\sqrt{3}\,i)^2=1+2\sqrt{3}\,i+(\sqrt{3}\,i)^2=-2+2\sqrt{3}\,i$
$$\begin{aligned}(1+\sqrt{3}\,i)^3&=(-2+2\sqrt{3}\,i)(1+\sqrt{3}\,i)\\&=-2+2\sqrt{3}\,i-2\sqrt{3}\,i-6=-8\end{aligned}$$
$$(1+\sqrt{3}\,i)^4=(-8)(1+\sqrt{3}\,i)=-8-8\sqrt{3}\,i$$

(2)　$x=1+\sqrt{3}\,i$ が解であるから $x=1-\sqrt{3}\,i$ も解であり，①の左辺は

◆ x, y, z, w を実数とするとき
$$x+yi=z+wi$$
$$\iff\quad x=z\ \text{かつ}\ y=w$$

◆ $b=\dfrac{\sqrt{3}}{a}$

◆ (1)の【解答 2】の方針
$$x^4-x^2+16$$
$$=x^4+8x^2+16-9x^2$$

①の左辺を
$$(x^2-2x+4)$$
$$\times(x^2+px+q)$$
とおいて係数を比較してもよい。

解　説　*31*

$$\{x-(1+\sqrt{3}\,i)\}\{x-(1-\sqrt{3}\,i)\}=x^2-2x+4$$

で割り切れ，割り算を実行すると

$$
\begin{array}{r}
x^2+(a+2)\,x+(2a+b) \\
x^2-2x+4\,)\overline{\,x^4+ax^3\quad\ \ +bx^2\qquad\qquad\ +cx\qquad\qquad +d\,} \\
\underline{x^4-2x^3\quad +4x^2} \\
(a+2)\,x^3\ +(b-4)\,x^2\qquad\qquad +cx \\
\underline{(a+2)\,x^3-2(a+2)\,x^2\qquad +4(a+2)\,x} \\
(2a+b)\,x^2+(-4a+c-8)\,x\qquad\qquad +d \\
\underline{(2a+b)\,x^2\qquad -2(2a+b)\,x\quad +4(2a+b)} \\
(2b+c-8)\,x+(-8a-4b+d)
\end{array}
$$

ゆえに商は　　$x^2+(a+2)\,x+2a+b$

　　　　余りは　　$(2b+c-8)\,x-8a-4b+d$

であるから，余りが 0 となることから

$$\begin{cases} 2b+c-8=0 \\ -8a-4b+d=0 \end{cases}$$

ゆえに　$c=8-2b,\quad d=8a+4b$ 　　　　　……②

であり，①の左辺は

$$(x^2-2x+4)\{x^2+(a+2)\,x+2a+b\}$$

と因数分解される。

(3)　①の 4 つの解は α，2α，$1\pm\sqrt{3}\,i$ であり，α，2α は　　　　← 解と係数の関係。

$x^2+(a+2)\,x+2a+b=0$ の 2 つの解である。ゆえに

　　　　$\alpha+2\alpha=-(a+2),\quad \alpha\cdot2\alpha=2a+b$ 　　　　……③

また，$\alpha+2\alpha+(1+\sqrt{3}\,i)+(1-\sqrt{3}\,i)=-1$ より　$\alpha=-1$（実数）　　← 解の和が -1

ゆえに，③より　$a=1$，$b=0$ であり，②より　$c=8$，$d=8$

8

条件(A)から，$f(x)$ は

$$f(x)=(x-2)\,g(x)+4x+2 \qquad\qquad ……①$$

と表される。この式で $x=-2$ とおくと

$$f(-2)=-4g(-2)-6 \qquad\qquad ……②$$

である。条件(B)から

$$h(x)=f(x)-(x+4)\,g(x)$$

とおくと，$h(x)$ は $x+2$ で割り切れるので

$$h(-2)=0 \qquad\qquad\qquad\qquad\qquad$$ 　　　← 因数定理。

$$\therefore\ f(-2)-2g(-2)=0 \qquad\qquad ……③$$

②，③より 　　　　　　　　　　　　　　　　　← ②，③を $f(-2)$ と

$$f(-2)=-2,\quad g(-2)=-1 \qquad\qquad ……④$$ 　　$g(-2)$ の連立方程式とみ

また，条件(C)から，2 次不等式 　　　　　　　　　　る。

32 解説

$g(x)-5≦0$

の解が $-3≦x≦1$ になるので，正の数 a を用いて

$$g(x)-5=a(x-1)(x+3)$$
$$∴\quad g(x)=a(x-1)(x+3)+5 \quad ……⑤$$

と表される。④，⑤より

$$g(-2)=a\cdot(-3)\cdot 1+5=-1$$

よって，$a=2$ であり，これを⑤へ代入して

$$g(x)=2(x-1)(x+3)+5=2x^2+4x-1$$

これを①へ代入して

$$f(x)=(x-2)(2x^2+4x-1)+4x+2=2x^3-5x+4$$

$\{g(x)\}^n=(2x^2+4x-1)^n$ を展開したとき，最高次の項は $(2x^2)^n=2^n x^{2n}$ であるから

$$m=2n\ (②)，（係数）=2^n\ (⑤)$$

二項定理を用いて

$$\{(2x^2+4x)-1\}^n$$
$$=(2x^2+4x)^n+{}_nC_1(2x^2+4x)^{n-1}\cdot(-1)$$
$$\quad+{}_nC_2(2x^2+4x)^{n-2}\cdot(-1)^2+……+(-1)^n$$
$$=(2x^2+4x)^n-n(2x^2+4x)^{n-1}+\frac{n(n-1)}{2}(2x^2+4x)^{n-2}$$
$$\quad+……+(-1)^n\quad (①, ③)$$

また，$(2x^2+4x)^n$ を展開したとき x^{2n-2} の項は

$${}_nC_2(2x^2)^{n-2}(4x)^2=\frac{n(n-1)}{2}2^{n-2}\cdot 4^2\cdot x^{2n-2}$$
$$=2^{n+1}n(n-1)x^{2n-2}\quad (⑨)$$

$(2x^2+4x)^{n-1}$ を展開したとき x^{2n-2} の項は

$$(2x^2)^{n-1}=2^{n-1}x^{2n-2}\quad (④)$$

$(2x^2+4x)^{n-2}$ を展開したときの最高次の次数は $2(n-2)=2n-4<2n-2$ であり，$0≦k≦n-2$ のとき，$(2x^2+4x)^k$ を展開したとき x^{2n-2} の項は現れない。よって，$\{g(x)\}^n$ の x^{2n-2} の係数は

$$2^{n+1}n(n-1)-n\cdot 2^{n-1}=2^{n-1}(4n^2-5n)\quad (④)$$

である。

← $k>0$，$α<β$ のとき
$k(x-α)(x-β)≦0$
$⟺\quad α≦x≦β$

┌─一般項は
└ ${}_nC_r(2x^2)^{n-r}(4x)^r$
x の次数について
$2(n-r)+r=2n-2$
より $r=2$

←一般項は
${}_{n-1}C_r(2x^2)^{n-1-r}(4x)^r$
x の次数について
$2(n-1-r)+r=2n-2$
より $r=0$

←$2^{n+1}=2^2\cdot 2^{n-1}$

9

(1) ℓ と直線 $y=x$ との交点は $(4, 4)$

ℓ と y 軸との交点 $(0, -4)$ の直線 $y=x$ に関する対称点は $(-4, 0)$
よって，n は，2点 $(4, 4)$ と $(-4, 0)$ を通るから

$$y=\frac{4-0}{4-(-4)}(x+4)=\frac{1}{2}x+2$$

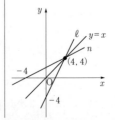

(2) ℓ，m の交点を A とすると A の座標は $(1,\ -2)$
m，n の交点を B とすると B の座標は $(-2,\ 1)$
ℓ，n の交点 $(4,\ 4)$ を C，n 上の点 $\left(1,\ \dfrac{5}{2}\right)$ を E とすると

$$AE = \dfrac{5}{2} - (-2) = \dfrac{9}{2}$$

よって，D の面積は

$$\triangle ABC = \triangle ABE + \triangle ACE$$
$$= \dfrac{1}{2} \cdot \dfrac{9}{2} \cdot 3 + \dfrac{1}{2} \cdot \dfrac{9}{2} \cdot 3 = \dfrac{\mathbf{27}}{\mathbf{2}}$$

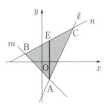

$\overrightarrow{AB} = (-3,\ 3)$, $\overrightarrow{AC} = (3,\ 6)$

$\dfrac{1}{2}|-3\times 6 - 3\times 3| = \dfrac{27}{2}$

(3) 三角形 D の外接円の中心を F とすると，F は直線 $y=x$ 上にあるから，F の座標を $(a,\ a)$ とおくと AF=CF より
$$(a-1)^2 + (a+2)^2 = (a-4)^2 + (a-4)^2$$
$$\therefore\ a = \dfrac{3}{2}$$

← $\triangle ABC$ は AC=BC の二等辺三角形。

よって，$AF^2 = \left(\dfrac{1}{2}\right)^2 + \left(\dfrac{7}{2}\right)^2 = \dfrac{50}{4}$ であるから，外接円の方程式は
$$\left(x - \dfrac{3}{2}\right)^2 + \left(y - \dfrac{3}{2}\right)^2 = \dfrac{50}{4}$$
$$\therefore\ x^2 + y^2 - 3x - 3y - 8 = 0$$

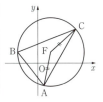

また，内接円の中心を I とすると，I も直線 $y=x$ 上にあるから，I の座標を $(b,\ b)$ とすると，I から ℓ，m までの距離が等しいから

$$\dfrac{|2b-b-4|}{\sqrt{2^2+1^2}} = \dfrac{|b+b+1|}{\sqrt{1^2+3^2}}$$
$$\therefore\ \sqrt{2}|b-4| = \sqrt{5}|2b+1|$$

両辺を2乗して整理すると
$$2b^2 + 4b - 3 = 0$$
$$\therefore\ b = \dfrac{-2 \pm \sqrt{10}}{2}$$

$b > -\dfrac{1}{2}$ より $b = \dfrac{\sqrt{10}-2}{2}$

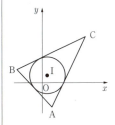

← I は AB の上側にある。

(4) (i)(ii) $\dfrac{y}{x+4} = k$ とおくと $y = k(x+4)$ ……①

k は点 $(-4, 0)$ を通る直線①の傾き（③）を表し，n と x 軸との交点が $(-4, 0)$ であるから，P が線分 BC 上にあるとき，k は最大となる。

よって，k の最大値は

$$k = \dfrac{1}{-2+4} = \dfrac{\mathbf{1}}{\mathbf{2}}$$

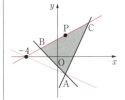

また，Pが点 A$(1, -2)$ にあるとき，k は最小となる．
よって，k の最小値は
$$k = \frac{-2}{1+4} = -\frac{2}{5}$$

10

$x^2 + y^2 - 4ax + 2ay + 10a - 50 = 0$ は
$$(x-2a)^2 + (y+a)^2 = 5a^2 - 10a + 50$$

← 平方完成．

と表せるから，円 C の中心は $(2a, -a)$
また
$$x^2 + y^2 - 50 - 2a(2x - y - 5) = 0$$

← a について整理する．

とも表せるから
$$\begin{cases} x^2 + y^2 - 50 = 0 \\ 2x - y - 5 = 0 \end{cases}$$
とすると，2式より y を消去して
$$x^2 + (2x-5)^2 - 50 = 0$$
$$x^2 - 4x - 5 = 0 \quad \therefore \quad x = 5, -1$$
よって，円 C は定点 A$(5, 5)$，B$(-1, -7)$ を通る．

円 C の中心を D とすると，AD，BD の傾きが
$$\frac{-a-5}{2a-5}, \quad \frac{-a+7}{2a+1}$$
であるから，A，B における接線の傾きは
$$\frac{2a-5}{a+5}, \quad \frac{2a+1}{a-7}$$
となり，接線が直交するとき
$$\frac{2a-5}{a+5} \cdot \frac{2a+1}{a-7} = -1$$
$$(2a-5)(2a+1) = -(a+5)(a-7)$$
$$a^2 - 2a - 8 = 0 \quad \therefore \quad a = 4, -2$$

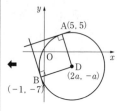

また，A における接線が原点を通るとき，OA の傾きは 1 であるから
$$\frac{2a-5}{a+5} = 1$$
$$\therefore \quad 2a - 5 = a + 5 \quad \therefore \quad a = 10$$

11

(1) C_1 上の点 A$(-1, 2)$ における接線の方程式は
$$-x + 2y = 5 \quad \text{より} \quad x - 2y + 5 = 0$$
であり，円 C_2 も ℓ と接するので

← 円 $x^2 + y^2 = r^2$ 上の点 (x_1, y_1) における接線の方程式は $x_1 x + y_1 y = r^2$

$$\frac{|a-2a+5|}{\sqrt{1^2+(-2)^2}}=2\sqrt{5}$$
$$|5-a|=10$$
$$5-a=\pm10$$
$$a=-5,\ 15$$

$a>0$ より $a=\mathbf{15}$

C_2 の中心を通り，ℓ に直交する直線は
$$y=-2(x-15)+15$$
$$=-2x+45$$

この直線と ℓ との交点が C_2 と ℓ の接点であるから
$$-x+2(-2x+45)=5\ \text{より}\ x=17$$
$$y=-2\cdot17+45=11\ \text{より}\ \text{B}(\mathbf{17,\ 11})$$
$$\text{AB}=\sqrt{(17+1)^2+(11-2)^2}=\sqrt{18^2+9^2}=9\sqrt{5}$$

B を端点とする C_2 の直径のもう一方の端点が P のとき，△ABP の面積は最大となる．
$$\text{BP}=4\sqrt{5}$$

より △ABP の面積の最大値は
$$\frac{1}{2}\cdot4\sqrt{5}\cdot9\sqrt{5}=\mathbf{90}$$

(2) C_1，C_2 の中心間の距離は $\sqrt{a^2+a^2}=\sqrt{2}\,a$

C_1 と C_2 が外接するとき
$$\sqrt{2}a=\sqrt{5}+2\sqrt{5}$$
$$a=\frac{3\sqrt{5}}{\sqrt{2}}=\frac{3\sqrt{10}}{2}$$

C_1 と C_2 が内接するとき
$$\sqrt{2}a=2\sqrt{5}-\sqrt{5}$$
$$a=\frac{\sqrt{5}}{\sqrt{2}}=\frac{\sqrt{10}}{2}$$

C_1，C_2 の中心はともに直線 $y=x$ 上にあることから，Q は $x^2+y^2=5$ と $y=x$ との交点である．
$$2x^2=5\ \text{より}\ x=\pm\frac{\sqrt{10}}{2}$$

12

(1) $C:(x-3)^2+(y+1)^2=16$

より，C は中心 $\text{A}(3,\ -1)$，半径 4 の円である．
$$\ell:y=a(x-1)$$

より，ℓ は点 $(1,\ 0)$ を通る傾き a の直線であるから a の値によらず点 $(1,\ 0)$ を通る．

← (C_2 の中心と ℓ との距離)
　＝(C_2 の半径)

← C_2 の直径

(中心間距離)＝(半径の和)

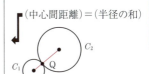

← (中心間距離)＝(半径の差)

点(1, 0)は円 C の内部にあるので，C と ℓ は a の値にかかわらず 2 点で交わる。(⓪)

ℓ は $ax-y-a=0$ と表されるから A との距離は

$$\frac{|3a+1-a|}{\sqrt{a^2+1}}=\frac{|2a+1|}{\sqrt{a^2+1}}$$

C が ℓ から切りとる線分の長さが $2\sqrt{15}$ のとき
三平方の定理より

$$\left(\frac{|2a+1|}{\sqrt{a^2+1}}\right)^2+(\sqrt{15})^2=4^2$$

$$\frac{(2a+1)^2}{a^2+1}=1$$

$$(2a+1)^2=a^2+1$$

$$3a^2+4a=0$$

$$a=0,\ -\frac{4}{3}$$

← 点 $(x_1,\ y_1)$ と直線 $ax+by+c=0$ との距離は
$$\frac{|ax_1+by_1+c|}{\sqrt{a^2+b^2}}$$

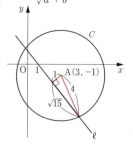

(2) $a=1$ のとき，$\ell:x-y-1=0$ より，C と ℓ の 2 つの交点を通る円の方程式は

$$x^2+y^2-6x+2y-6+k(x-y-1)=0 \quad\cdots\cdots ①$$

と表されるので，①が点(1, 1)を通るとき

$$-8-k=0 \quad \text{より} \quad k=-8$$

よって，この円の方程式は

$$x^2+y^2-6x+2y-6-8(x-y-1)=0$$
$$x^2+y^2-14x+10y+2=0$$
$$(x-7)^2+(y+5)^2=72$$

であるから，中心の座標は

$$(7,\ -5)$$

半径は

$$6\sqrt{2}$$

← 円 $x^2+y^2+ax+by+c=0$ と直線 $px+qy+r=0$ が 2 点で交わるとき，2 交点を通る円の方程式は
$$x^2+y^2+ax+by+c$$
$$+k(px+qy+r)=0$$
で表される。

13

(1) AB の傾きは

$$\frac{-1-1}{1-(-3)}=-\frac{1}{2}$$

BC の傾きは

$$\frac{7-(-1)}{5-1}=2$$

$-\dfrac{1}{2}\cdot 2=-1$ より AB⊥BC であるから

$$\angle\mathrm{ABC}=\frac{\pi}{2}$$

← 傾きの積が -1

したがって，線分 AC は S の直径であり，中心 D は線分 AC の中点である。よって，D の座標は
$$\left(\frac{-3+5}{2}, \frac{1+7}{2}\right)=(1, 4)$$
半径は
$$\text{AD}=\sqrt{(1+3)^2+(4-1)^2}=\sqrt{25}=5$$
であるから，S の方程式は
$$(x-1)^2+(y-4)^2=25$$
点 $(0, k)$ を E, E から S に引いた接線 2 本が直交するとき，接点の 1 つを F とすると $\angle\text{DFE}=\dfrac{\pi}{2}$

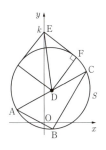

$\angle\text{DEF}=\dfrac{\pi}{4}$ より △DFE は直角二等辺三角形である。

よって
$$\text{DE}=\sqrt{2}\,\text{DF}=5\sqrt{2}$$
一方，$\text{DE}=\sqrt{(1-0)^2+(4-k)^2}=\sqrt{1+(k-4)^2}$ より
$$1+(k-4)^2=(5\sqrt{2})^2$$
$$(k-4)^2=49$$
$$\therefore\quad k-4=\pm 7$$
$k>0$ より $k=\mathbf{11}$

接線の方程式を $y=mx+11$ とおくと，D と直線 $mx-y+11=0$ との距離が S の半径 5 に等しいから

$$\frac{|m-4+11|}{\sqrt{m^2+1}}=5$$
$$|m+7|=5\sqrt{m^2+1}$$
$$(m+7)^2=25(m^2+1)$$
$$12m^2-7m-12=0$$
$$m=\frac{4}{3}, -\frac{3}{4}$$

⬅ (中心と直線との距離) ＝(半径)

(2) △ABP において，辺 AB を底辺とみると，P と AB との距離が高さになる。P と AB との距離を d とすると，AB が一定であるから，d が最大のとき，△ABP の面積は最大になる。d が最大になるのは，PD⊥AB のときである。このとき直線 PD の方程式は
$$y=2(x-1)+4=2x+2$$
これと S との交点を求めて
$$(x-1)^2+(2x+2-4)^2=25$$

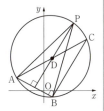

⬅ AB の垂直二等分線上に P があるとき d は最大になる。

$$5(x-1)^2=25$$
$$(x-1)^2=5$$
$x>1$ であることから
$$x=1+\sqrt{5}$$
$y=2(1+\sqrt{5})+2=4+2\sqrt{5}$ より
$$P(1+\sqrt{5},\ 4+2\sqrt{5})$$
$$AB=\sqrt{(1+3)^2+(-1-1)^2}=2\sqrt{5}$$
であるから，DとABとの距離は，三平方の定理より
$$\sqrt{5^2-(\sqrt{5})^2}=2\sqrt{5}$$
よって，d の最大値は
$$d=2\sqrt{5}+PD=2\sqrt{5}+5$$
したがって，△ABPの面積の最大値は
$$\frac{1}{2}\cdot 2\sqrt{5}\cdot(2\sqrt{5}+5)=\mathbf{10+5\sqrt{5}}$$

←Dと直線ABとの距離から求めてもよい。

14

(1)
$$\begin{cases} x^2+y^2-25=0 & \cdots\cdots① \\ x-2y+5=0 & \cdots\cdots② \end{cases}$$
より，x を消去すると
$$(2y-5)^2+y^2-25=0$$
$$y(y-4)=0$$
$$y=0,\ 4$$
$y=0$ のとき $x=-5$
$y=4$ のとき $x=3$
よって①，②の交点の座標は
$$(\mathbf{-5,\ 0}),(\mathbf{3,\ 4})$$

(2) 領域 D は，円 $x^2+y^2=25$ の周および内部と直線 $x-2y+5=0$ の線上および上側の共通部分である。$y-x=k$ とおくと，直線 $y=x+k$ は傾きが1の直線であり，これが D と共有点をもつような k の値の範囲を求める。

直線 $y=x+k$，すなわち $x-y+k=0$ が円 $x^2+y^2=25$ と第2象限で接するとき
$$\frac{|k|}{\sqrt{1+1}}=5 \quad \therefore \quad k=\pm 5\sqrt{2}$$
$k>0$ より $k=5\sqrt{2}$
直線 $y=x+k$ が点$(3,\ 4)$を通るとき
$$4=3+k \quad \therefore \quad k=1$$
よって，直線 $y=x+k$ が領域 D と共有点をもつような k の値の範囲は

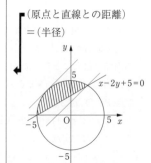

(原点と直線との距離)
=(半径)

$1 \leq k \leq 5\sqrt{2}$

したがって，$y-x$ の最大値は $\mathbf{5\sqrt{2}}$，最小値は $\mathbf{1}$

(3) $P(x, y)$ とおくと，$AP:PO=1:\sqrt{2}$ より

$\sqrt{2}AP = PO$

$2\{(x-a)^2+(y-a)^2\} = x^2+y^2$

$x^2+y^2-4ax-4ay+4a^2 = 0$

$(x-2a)^2+(y-2a)^2 = 4a^2$

よって，P の軌跡は

円 $(x-2a)^2+(y-2a)^2 = 4a^2$ ← アポロニウスの円。

中心 $(2a, 2a)$ が直線 $x-2y+5=0$ 上にあるとき

$2a-4a+5=0$ ∴ $a=\dfrac{5}{2}$

$a=\dfrac{5}{2}$ のとき，P の軌跡の円の方程式は

$(x-5)^2+(y-5)^2 = 25$

円 $x^2+y^2=25$ との交点は $(5, 0)$ と $(0, 5)$

直線 $x-2y+5=0$ との交点は $x=2y-5$ を代入して

$(2y-10)^2+(y-5)^2 = 25$

$(y-5)^2 = 5$

$y-5 = \pm\sqrt{5}$ ∴ $y=5\pm\sqrt{5}$

$x=2(5\pm\sqrt{5})-5 = 5\pm2\sqrt{5}$

よって，X の値の範囲は

$\mathbf{0 \leq X \leq 5-2\sqrt{5}}$

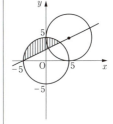

15

(1) 円 C_2 は原点を中心とする半径 2 の円であるから，その方程式は

$x^2+y^2 = 4$

PQ と x 軸は平行であるから

$\angle OTS = \dfrac{1}{3}\pi$

OS は S において円 C_1 と接しているから

$\angle OST = \dfrac{1}{2}\pi$

よって $\angle TOS = \pi - \left(\dfrac{1}{3}\pi + \dfrac{1}{2}\pi\right) = \dfrac{1}{6}\pi$

であり，S の座標は

$\left(\cos\dfrac{7}{6}\pi, \sin\dfrac{7}{6}\pi\right) = \left(-\dfrac{\sqrt{3}}{2}, -\dfrac{1}{2}\right)$

直線 QR の方程式は

$$-\frac{\sqrt{3}}{2}x-\frac{1}{2}y=1 \quad \therefore \quad y=-\sqrt{3}x-2$$

Qのy座標が1であるから
$$1=-\sqrt{3}x-2 \quad \therefore \quad x=-\sqrt{3}$$

よって，Qの座標は $(-\sqrt{3}, 1)$
$$(-\sqrt{3})^2+1^2=4$$

であるから，Qは円C_2の周上(⓪)にある。

また，直線PRと円C_2との接点をUとすると，同様にして，Uの座標は

$$\left(2\cos\left(-\frac{\pi}{6}\right),\ 2\sin\left(-\frac{\pi}{6}\right)\right)=(\sqrt{3}, -1)$$

であるから，直線PRの方程式は
$$\sqrt{3}x-y=4 \quad \therefore \quad y=\sqrt{3}x-4$$

(注) 直線QRの方程式は傾きが $-\tan\frac{\pi}{3}=-\sqrt{3}$ であり，

$S\left(-\frac{\sqrt{3}}{2}, -\frac{1}{2}\right)$ を通ることから

$$y=-\sqrt{3}\left(x+\frac{\sqrt{3}}{2}\right)-\frac{1}{2}=-\sqrt{3}x-2$$

直線PRの方程式は傾きが $\tan\frac{\pi}{3}=\sqrt{3}$ であり，

$U(\sqrt{3}, -1)$を通ることから
$$y=\sqrt{3}(x-\sqrt{3})-1=\sqrt{3}x-4$$

と求めることもできる。

(2) Dは右図の斜線部分であり，D_1かつD_2かつ「直線PQの下側および線上」かつ「直線QRの上側および線上」であるから

$$\begin{cases} x^2+y^2 \geqq 1 & (\text{⓪}) \\ x^2+y^2 \leqq 4 & (\text{③}) \\ y \leqq 1 & (\text{⑤}) \\ y \geqq -\sqrt{3}x-2 & (\text{⑥}) \end{cases}$$

$\Big($直線PRの上側および線上を表す不等式
$\quad y \geqq \sqrt{3}x-4$
は不必要$\Big)$

← 円 $x^2+y^2=r^2$ 上の点(x_1, y_1)における接線の方程式は
$\quad x_1 x + y_1 y = r^2$

← OUとx軸のなす角が$\dfrac{\pi}{6}$

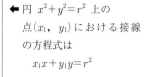

16

L は辺 OB の中点であるから L(0, 3)

重心 G の座標は

$$\left(\frac{0+2+0}{3}, \frac{0+a+6}{3}\right)$$
$$=\left(\frac{2}{3}, \frac{a+6}{3}\right)$$

直線 PG の方程式は

$$y=\frac{\frac{a+6}{3}-t}{\frac{2}{3}-0}x+t=\frac{a+6-3t}{2}x+t \quad \cdots\cdots ①$$

直線 AB の方程式は

$$y=\frac{a-6}{2-0}x+6=\frac{a-6}{2}x+6 \quad \cdots\cdots ②$$

①, ②より

$$\frac{a+6-3t}{2}x+t=\frac{a-6}{2}x+6$$
$$(12-3t)x=12-2t$$
$$x=\frac{12-2t}{12-3t}$$

(1) $t=2$ のとき P(0, 2), Q$\left(\frac{4}{3}, \frac{2}{3}a+2\right)$

B, P, Q を通る円の方程式を, 半径が $\sqrt{5}$ より

$$(x-p)^2+(y-q)^2=5$$

とおくと, B, P, Q の座標を代入して

$$p^2+(6-q)^2=5 \quad \cdots\cdots ③$$
$$p^2+(2-q)^2=5 \quad \cdots\cdots ④$$
$$\left(\frac{4}{3}-p\right)^2+\left(\frac{2}{3}a+2-q\right)^2=5 \quad \cdots\cdots ⑤$$

③, ④より

$$(6-q)^2=(2-q)^2 \quad \therefore \quad q=4$$
$$p^2=1$$

$p>0$ であるから $p=1$ より 中心(**1, 4**)

⑤に代入して $\left(\frac{2}{3}a-2\right)^2=\frac{44}{9} \quad \therefore \quad \frac{2}{3}a-2=\pm\frac{2}{3}\sqrt{11}$

$a>0$ より $a=\mathbf{3+\sqrt{11}}$

(2) $S=\frac{1}{2}\cdot(6-t)\cdot\frac{12-2t}{12-3t}=\frac{(6-t)^2}{12-3t}$

$u=12-3t$ とおくと, $t=4-\dfrac{u}{3}$ より

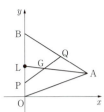

← 重心は3中線の交点.

← A(x_1, y_1)
  B(x_2, y_2)
  C(x_3, y_3)

とするとき, △ABC の重心 G の座標は

$$\left(\frac{x_1+x_2+x_3}{3}, \frac{y_1+y_2+y_3}{3}\right)$$

← 線分 BP の垂直二等分線上に円の中心があることからも $q=4$ が求められる.

← $\dfrac{1}{2}\cdot$BP$\cdot$(Q の x 座標)

42　解　説

$$S=\frac{\left\{6-\left(4-\dfrac{u}{3}\right)\right\}^2}{u}=\frac{\left(2+\dfrac{u}{3}\right)^2}{u}=\frac{u}{9}+\frac{4}{u}+\frac{4}{3}$$

$0<t<3$ より　$3<u<12$

相加平均と相乗平均の関係より

$$\frac{u}{9}+\frac{4}{u}\geqq 2\sqrt{\frac{u}{9}\cdot\frac{4}{u}}=\frac{4}{3}$$

等号は $\dfrac{u}{9}=\dfrac{4}{u}$ つまり $u^2=36$ から $u=6$ のとき成立。

よって，S は $u=6$ のとき，最小値 $\dfrac{4}{3}+\dfrac{4}{3}=\dfrac{8}{3}$ をとる。

> $a>0$，$b>0$ のとき
> $$\frac{a+b}{2}\geqq\sqrt{ab}$$
> 　等号は $a=b$ のとき成立。
> ← $3<u<12$ を満たす。

17

(1) (ⅰ)　$\cos\theta=\sin\left(\dfrac{\pi}{2}-\theta\right)$ であるから

$$\cos\frac{3}{7}\pi=\sin\left(\frac{\pi}{2}-\frac{3}{7}\pi\right)=\sin\frac{\pi}{14}$$

また，$\cos\theta=-\cos(\pi-\theta)$ であるから

$$\cos\frac{3}{7}\pi=-\cos\left(\pi-\frac{3}{7}\pi\right)=-\cos\frac{4}{7}\pi$$

他に同じ値になるものはないから　⓪，⑦

(ⅱ)　$\tan\theta=-\tan(\pi-\theta)$ であるから

$$\tan\frac{3}{5}\pi=-\tan\left(\pi-\frac{3}{5}\pi\right)=-\tan\frac{2}{5}\pi$$

また，$\tan\theta=-\dfrac{1}{\tan\left(\theta-\dfrac{\pi}{2}\right)}$ であるから

$$\tan\frac{3}{5}\pi=-\frac{1}{\tan\left(\dfrac{3}{5}\pi-\dfrac{\pi}{2}\right)}=-\frac{1}{\tan\dfrac{\pi}{10}}$$

他に同じ値になるものはないから　③，⑥

(2)　$y=2\sin 2x$ のグラフは $y=2\sin x$ のグラフを x 軸方向に $\dfrac{1}{2}$

倍したグラフであるから　①

$y=2\cos(x+\pi)=-2\cos x$ であり，$y=2\cos x$ のグラフを x 軸に関して対称移動したグラフであるから　③

(3)　線分 OP と x 軸の正の部分とのなす角は $\dfrac{\pi}{2}-\theta$ であるから

$$P\left(\cos\left(\frac{\pi}{2}-\theta\right),\ \sin\left(\frac{\pi}{2}-\theta\right)\right)=(\sin\theta,\ \cos\theta)\quad(⓪,\ ①)$$

線分 OQ と x 軸の正の部分とのなす角は $\pi-\theta$ であるから

$$Q(\cos(\pi-\theta),\ \sin(\pi-\theta))=(-\cos\theta,\ \sin\theta)\quad(③,\ ⓪)$$

> ← $\cos\dfrac{3}{7}\pi>0$
>
> ③，④，⑤，⑥ は負の数。
> $$\cos\frac{\pi}{7}>\cos\frac{3}{7}\pi$$
> $$\sin\frac{4}{7}\pi>\sin\frac{\pi}{14}$$
>
> ← $\tan\dfrac{3}{5}\pi<0$
>
> ⓪，①，④，⑤ は正の数。
> $$-\tan\frac{2}{5}\pi<-\tan\frac{\pi}{5}$$
> $$\tan\frac{3\pi}{10}>\tan\frac{\pi}{10}$$

$$l=\sqrt{(-\cos\theta+1)^2+\sin^2\theta}$$
$$=\sqrt{2-2\cos\theta}$$
$$=\sqrt{4\sin^2\frac{\theta}{2}}$$
$$=2\left|\sin\frac{\theta}{2}\right|$$

$0<\dfrac{\theta}{2}<\dfrac{\pi}{2}$ より

$$l=2\sin\frac{\theta}{2}$$

グラフは　①

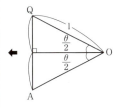

←②は $l=2\sin\theta$
　③は $l=-\cos\theta+1$

18

与式より

$$\frac{\sin\alpha}{\cos\alpha}+2\sin\alpha=1$$
$$\sin\alpha+2\sin\alpha\cos\alpha=\cos\alpha$$
$$\therefore\ \sin\alpha-\cos\alpha=-2\sin\alpha\cos\alpha$$

←両辺に $\cos\alpha$ をかける。

$t=\sin\alpha\cos\alpha$ とおくと $\sin\alpha-\cos\alpha=-2t$ であり
$$(\sin\alpha-\cos\alpha)^2=1-2\sin\alpha\cos\alpha$$
から
$$(-2t)^2=1-2t$$
$$\therefore\ 4t^2+2t-1=0$$

$\sin\alpha>0$,　$\cos\alpha>0$ より $t>0$ から

$$t=\frac{-1+\sqrt{5}}{4}$$

したがって

$$\sin 2\alpha=2\sin\alpha\cos\alpha=2\cdot\frac{-1+\sqrt{5}}{4}=\frac{-1+\sqrt{5}}{2}$$

であり，$\sin\alpha-\cos\alpha=-2t=\dfrac{1-\sqrt{5}}{2}$ であるから

$$\sin^3\alpha-\cos^3\alpha=(\sin\alpha-\cos\alpha)(\sin^2\alpha+\sin\alpha\cos\alpha+\cos^2\alpha)$$
$$=\frac{1-\sqrt{5}}{2}\left(1+\frac{-1+\sqrt{5}}{4}\right)=\frac{-1-\sqrt{5}}{4}$$

$$\sin^2\left(\alpha+\frac{\pi}{4}\right)=\frac{1-\cos\left(2\alpha+\frac{\pi}{2}\right)}{2}=\frac{1+\sin 2\alpha}{2}$$
$$=\frac{1}{2}\left(1+\frac{-1+\sqrt{5}}{2}\right)=\frac{1+\sqrt{5}}{4}$$

← $\sin\left(\alpha+\dfrac{\pi}{4}\right)$
$=\dfrac{1}{\sqrt{2}}(\sin\alpha+\cos\alpha)$
$(\sin\alpha+\cos\alpha)^2$
$=1+2\sin\alpha\cos\alpha$
を用いてもよい。

19

ℓ の傾きは 2 であるから
$$\tan\theta = 2$$
このとき
$$\cos\theta = \frac{1}{\sqrt{5}} = \frac{\sqrt{5}}{5}$$
であり
$$\cos 2\theta = 2\cos^2\theta - 1$$
$$= 2\left(\frac{1}{\sqrt{5}}\right)^2 - 1 = -\frac{3}{5} \quad\cdots\cdots\text{①}$$

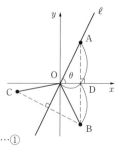
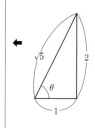

$OA = OB = OC = a$ とおく。$\angle AOB = 2\theta$ より
$$\triangle OAB = \frac{1}{2} \cdot a^2 \cdot \sin 2\theta$$
$\angle BOC = 2(\pi - 2\theta) = 2\pi - 4\theta$ より
$$\triangle OBC = \frac{1}{2} \cdot a^2 \cdot \sin(2\pi - 4\theta) = -\frac{1}{2}a^2\sin 4\theta$$

よって
$$\frac{\triangle OAB}{\triangle OBC} = -\frac{\sin 2\theta}{\sin 4\theta} = -\frac{\sin 2\theta}{2\sin 2\theta\cos 2\theta}$$
$$= -\frac{1}{2\cos 2\theta}$$
$$= \frac{5}{6} \quad (\text{①より})$$

⇐ $\sin 4\theta = \sin(2\cdot 2\theta)$
　　$= 2\sin 2\theta\cos 2\theta$

20

(1)　$f(x) = \sqrt{6}\sin x + \sqrt{2}\cos x$
$$= 2\sqrt{2}\left(\frac{\sqrt{3}}{2}\sin x + \frac{1}{2}\cos x\right)$$
$$= 2\sqrt{2}\sin\left(x + \frac{\pi}{6}\right) \quad (\text{⓪})$$
　$g(x) = \sqrt{6}\cos x - \sqrt{2}\sin x$
$$= 2\sqrt{2}\left(-\frac{1}{2}\sin x + \frac{\sqrt{3}}{2}\cos x\right)$$
$$= 2\sqrt{2}\sin\left(x + \frac{2}{3}\pi\right) \quad (\text{④})$$

⇐ $\sqrt{(\sqrt{6})^2 + (\sqrt{2})^2} = 2\sqrt{2}$
　$\cos\dfrac{\pi}{6} = \dfrac{\sqrt{3}}{2}$, $\sin\dfrac{\pi}{6} = \dfrac{1}{2}$

⇐ $\cos\dfrac{2}{3}\pi = -\dfrac{1}{2}$,
　$\sin\dfrac{2}{3}\pi = \dfrac{\sqrt{3}}{2}$

(2)　$0 \leqq x \leqq \pi$ のとき
$$\frac{\pi}{6} \leqq x + \frac{\pi}{6} \leqq \frac{7}{6}\pi$$
であるから，$f(x)$ は
$$x + \frac{\pi}{6} = \frac{\pi}{2} \quad\text{すなわち}\quad x = \frac{\pi}{3} \quad (\text{③})$$

のとき，最大値 $2\sqrt{2}$ をとる。

$$x+\frac{\pi}{6}=\frac{7}{6}\pi \quad \text{すなわち} \quad x=\pi \quad (⑧)$$

のとき，最小値 $-\sqrt{2}$ をとる。

(3) $y=f(x)$ のグラフは $y=2\sqrt{2}\sin x$ のグラフを x 軸方向に $-\dfrac{\pi}{6}$ 平行移動したグラフであるから　③

$y=g(x)$ のグラフは $y=2\sqrt{2}\sin x$ のグラフを x 軸方向に $-\dfrac{2}{3}\pi$ 平行移動したグラフであるから　④

← $f(0)=\sqrt{2}$，$f\left(-\dfrac{\pi}{6}\right)=0$
から③であることがわかる。

← $g(0)=\sqrt{6}$，$g\left(-\dfrac{\pi}{6}\right)=2\sqrt{2}$
から④であることがわかる。

(4) 任意の実数 x に対して
$$f\left(x+\frac{\pi}{2}\right)=2\sqrt{2}\sin\left(x+\frac{\pi}{2}+\frac{\pi}{6}\right)$$
$$=2\sqrt{2}\sin\left(x+\frac{2}{3}\pi\right)$$
$$=g(x) \quad (③)$$

← $y=f(x)$ のグラフを x 軸方向に $-\dfrac{\pi}{2}$ 平行移動したグラフが $y=g(x)$

が成り立つ。

21

$$t^2=\sin^2\frac{x}{2}+\cos^2\frac{x}{2}+2\sin\frac{x}{2}\cos\frac{x}{2}=1+\sin x$$

より
$$y=3(t^2-1)-2t=3t^2-2t-3$$
$$=3\left(t-\frac{1}{3}\right)^2-\frac{10}{3}$$

また
$$t=\sin\frac{x}{2}+\cos\frac{x}{2}=\sqrt{2}\sin\left(\frac{x}{2}+\frac{\pi}{4}\right)$$

であり，$0\leqq x\leqq 2\pi$ のとき $\dfrac{\pi}{4}\leqq\dfrac{x}{2}+\dfrac{\pi}{4}\leqq\dfrac{5}{4}\pi$ であるから
$$-1\leqq t\leqq\sqrt{2}$$

したがって $-\dfrac{10}{3}\leqq y\leqq 2$

次に，$y=-2$ のとき
$$3t^2-2t-1=0$$
$$(t-1)(3t+1)=0 \quad \therefore \quad t=1, \ -\frac{1}{3}$$

・$t=1$ のとき，$\sin\left(\dfrac{x}{2}+\dfrac{\pi}{4}\right)=\dfrac{1}{\sqrt{2}}$ から
$$\frac{x}{2}+\frac{\pi}{4}=\frac{\pi}{4}, \ \frac{3}{4}\pi \quad \therefore \quad x=0, \ \pi$$

← $\sin x=t^2-1$

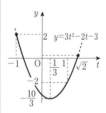

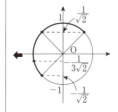

・$t=-\dfrac{1}{3}$ のとき, $\sin\left(\dfrac{x}{2}+\dfrac{\pi}{4}\right)=-\dfrac{1}{3\sqrt{2}}$ からこれを満たす x は 1

個あり, それを x_0 とすると $-\dfrac{1}{2}<-\dfrac{1}{3\sqrt{2}}<0$ より

$$\pi<\dfrac{x_0}{2}+\dfrac{\pi}{4}<\dfrac{7}{6}\pi$$

$$\therefore\ \dfrac{3}{2}\pi<x_0<\dfrac{11}{6}\pi$$

よって, 解は 3 個あり

最小のものは $x=0$ $\left(0\leqq x<\dfrac{\pi}{6}\right)$ (⓪)

最大のものは $x=x_0$ $\left(\dfrac{3}{2}\pi\leqq x<\dfrac{11}{6}\pi\right)$ (⑥)

22

$$y=3\cos^2\theta+3\sin\theta\cos\theta-\sin^2\theta$$
$$=3\cdot\dfrac{1+\cos 2\theta}{2}+3\cdot\dfrac{1}{2}\sin 2\theta-\dfrac{1-\cos 2\theta}{2}$$
$$=\dfrac{3}{2}\sin 2\theta+2\cos 2\theta+1$$
$$=\dfrac{1}{2}(3\sin 2\theta+4\cos 2\theta)+1$$
$$=\dfrac{5}{2}\sin(2\theta+\alpha)+1$$

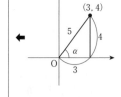

ただし, $\sin\alpha=\dfrac{4}{5}$, $\cos\alpha=\dfrac{3}{5}$ である。

$0\leqq\theta\leqq\pi$ より, $\alpha\leqq 2\theta+\alpha\leqq 2\pi+\alpha$ であるから

$$-1\leqq\sin(2\theta+\alpha)\leqq 1$$

よって, y の

最大値は $\dfrac{7}{2}$

最小値は $-\dfrac{3}{2}$

また, 最大値をとるのは $2\theta+\alpha=\dfrac{\pi}{2}$ つまり $2\theta=\dfrac{\pi}{2}-\alpha$ のとき

であるから

$$\tan 2\theta_0=\tan\left(\dfrac{\pi}{2}-\alpha\right)=\dfrac{1}{\tan\alpha}=\dfrac{\cos\alpha}{\sin\alpha}=\dfrac{3}{4}$$

23

$$2x\sin\alpha\cos\alpha-2(\sqrt{3}x+1)\cos^2\alpha-\sqrt{2}\cos\alpha+\sqrt{3}x+2\geqq 0$$
$$\cdots\cdots\text{①}$$

①を x について整理すると
$$(2\sin\alpha\cos\alpha-2\sqrt{3}\cos^2\alpha+\sqrt{3})x$$
$$-2\cos^2\alpha-\sqrt{2}\cos\alpha+2\geqq 0$$
x の係数について
$$2\sin\alpha\cos\alpha-2\sqrt{3}\cos^2\alpha+\sqrt{3}$$
$$=\sin 2\alpha-2\sqrt{3}\cdot\frac{1+\cos 2\alpha}{2}+\sqrt{3}$$
$$=\sin 2\alpha-\sqrt{3}\cos 2\alpha$$
であるから，①は
$$(\sin 2\alpha-\sqrt{3}\cos 2\alpha)x-(2\cos^2\alpha+\sqrt{2}\cos\alpha-2)\geqq 0$$
と表される。
　x の不等式 $ax+b\geqq 0$ が $x\geqq 0$ において成り立つ条件は
$$a\geqq 0 \quad \text{かつ} \quad b\geqq 0 \quad (②)$$
$\sin 2\alpha-\sqrt{3}\cos 2\alpha\geqq 0$ を満たす α の範囲は，合成することにより
$$2\sin\left(2\alpha-\frac{\pi}{3}\right)\geqq 0$$
$-\dfrac{\pi}{3}\leqq 2\alpha-\dfrac{\pi}{3}\leqq\dfrac{5}{3}\pi$ より
$$0\leqq 2\alpha-\frac{\pi}{3}\leqq\pi$$
$$\therefore\ \frac{\pi}{6}\leqq\alpha\leqq\frac{2}{3}\pi \quad (①, ⑤) \quad\cdots\cdots ②$$
$-(2\cos^2\alpha+\sqrt{2}\cos\alpha-2)\geqq 0$ を満たす α の範囲は
$$(\sqrt{2}\cos\alpha-1)(\sqrt{2}\cos\alpha+2)\leqq 0$$
$\sqrt{2}\cos\alpha+2>0$ より
$$\cos\alpha\leqq\frac{1}{\sqrt{2}}$$
$0\leqq\alpha\leqq\pi$ より
$$\frac{\pi}{4}\leqq\alpha\leqq\pi \quad (②, ⑧) \quad\cdots\cdots ③$$
②かつ③より
$$\frac{\pi}{4}\leqq\alpha\leqq\frac{2}{3}\pi \quad (②, ⑤)$$

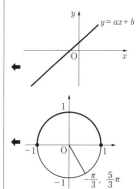

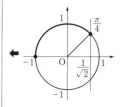

24

(1) 　　（①の左辺）
$$=3(1-\sin^2\theta)+(3a-\sin\theta)(1-2\sin^2\theta)$$
$$+(9a+2)\sin\theta-3(2a+1)$$
$$=2\sin^3\theta-(6a+3)\sin^2\theta+(9a+1)\sin\theta-3a$$

48 解説

(2) $a=\dfrac{1}{3}$ のとき

$$(\text{①の左辺})=2\sin^3\theta-5\sin^2\theta+4\sin\theta-1$$
$$=(\sin\theta-1)(2\sin^2\theta-3\sin\theta+1)$$
$$=(2\sin\theta-1)(\sin\theta-1)^2$$

ゆえに①より

$\sin\theta=\dfrac{1}{2}$ のとき $\theta=\dfrac{\pi}{6},\ \dfrac{5}{6}\pi,\ \dfrac{13}{6}\pi,\ \dfrac{17}{6}\pi$

$\sin\theta=1$ のとき $\theta=\dfrac{\pi}{2},\ \dfrac{5}{2}\pi$

したがって，①の解 θ は全部で **6** 個あり，小さい方から数えて3番目と4番目のものは

$$\dfrac{5}{6}\pi\ \text{と}\ \dfrac{13}{6}\pi$$

← 因数定理。

$$\begin{array}{r|rrrr}1 & 2 & -5 & 4 & -1 \\ & & 2 & -3 & 1 \\ \hline & 2 & -3 & 1 & |\ 0\end{array}$$

$0\leqq\theta<4\pi$

(3) ①は

$$(2\sin\theta-1)(\sin\theta-1)(\sin\theta-3a)=0$$

と変形できる。

また，$y=\sin\theta\ (0\leqq\theta<4\pi)$ のグラフより，$-1<3a<\dfrac{1}{2}$，

$\dfrac{1}{2}<3a<1$ のとき θ は全部で **10** 個存在し，これが最大である。

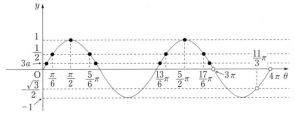

また，$\sin\dfrac{11}{3}\pi=-\dfrac{\sqrt{3}}{2}$ と $y=\sin\theta$ のグラフより，最大の θ が 3π と $\dfrac{11}{3}\pi$ の間にあるような a の値の範囲は $-1<3a<-\dfrac{\sqrt{3}}{2}$ より

$$-\dfrac{1}{3}<a<-\dfrac{\sqrt{3}}{6}$$

← ①の解は，
$y=\sin\theta\ (0\leqq\theta<4\pi)$
において，$y=\dfrac{1}{2},\ 1,\ 3a$
となる θ の値である。

25

〔1〕

(1) $(\sqrt{2})^2=2,\ \log_{\sqrt{2}}2=2$ より $(\sqrt{2})^2=\log_{\sqrt{2}}2$ (**⓪**)

(2) $(\sqrt{2})^4=4,\ \log_{\sqrt{2}}4=4$ より $(\sqrt{2})^4=\log_{\sqrt{2}}4$ (**⓪**)

解　説　　**49**

(3) $(\sqrt{2})^8=16$, $\log_{\sqrt{2}}8=6$ より　$(\sqrt{2})^8>\log_{\sqrt{2}}8$　（①）　　　　◀ $(\sqrt{2})^6=8$

(4) $(\sqrt{2})^{\sqrt{8}}=(\sqrt{2})^{2\sqrt{2}}=2^{\sqrt{2}}$, $\log_{\sqrt{2}}\sqrt{8}=3$ であり　　　　◀ $(\sqrt{2})^3=\sqrt{8}$

$\quad 2^{\sqrt{2}}<2^{\frac{3}{2}}=2\sqrt{2}<3$ より　$(\sqrt{2})^{\sqrt{8}}<\log_{\sqrt{2}}\sqrt{8}$　（②）

〔2〕

$$a=\log_4 2^{1.5}=\frac{\log_2 2^{1.5}}{\log_2 4}=\frac{1.5}{2}=\frac{3}{4}$$

$$b=\log_4 3^{1.5}=\frac{\log_2 3^{1.5}}{\log_2 4}=\frac{1.5\log_2 3}{2}=\frac{3}{4}\log_2 3$$

$$c=\log_4 0.5^{1.5}=\frac{\log_2 0.5^{1.5}}{\log_2 4}=\frac{1.5\log_2 0.5}{2}=\frac{1.5\cdot(-1)}{2}=-\frac{3}{4}$$

◀ $\log_2 0.5=\log_2\dfrac{1}{2}=-1$

であり

$$4b=3\log_2 3=\log_2 3^3>\log_2 2^4=4\qquad\therefore\quad b>1$$

であるから，5つの数を小さい順に並べると

$$\boldsymbol{c<0<a<1<b}$$

26

$$b=\frac{\log_x y^2}{\log_x x^2}=\frac{2\log_x y}{2}=a$$

◀ 底を x に揃える。

$$c=\frac{\log_x x^4}{\log_x y}=\frac{4}{\log_x y}=\frac{4}{a}$$

$$d=\frac{\log_x x^2}{\log_x y^3}=\frac{2}{3\log_x y}=\frac{2}{3a}$$

(1)　$\quad ac=a\cdot\dfrac{4}{a}=\boldsymbol{4}$, $\quad bd=a\cdot\dfrac{2}{3a}=\dfrac{2}{3}$

$\quad(a+b)(c+d)=2a\cdot\dfrac{14}{3a}=\dfrac{28}{3}$

(2)　$a+d=\dfrac{11}{6}$ のとき　$a+\dfrac{2}{3a}=\dfrac{11}{6}$

◀ $1<y<x$ より
$0<\log_x y<1$ であり
$0<a<1$

ゆえに $6a^2-11a+4=0$ と $0<a<1$ より　$a=\dfrac{1}{2}$

このとき $\log_x y=\dfrac{1}{2}$ より　$y=x^{\frac{1}{2}}$

であるから

$$\frac{4xy}{x\sqrt{x}+2y^3}=\frac{4x\cdot x^{\frac{1}{2}}}{x\cdot x^{\frac{1}{2}}+2x^{\frac{3}{2}}}=\frac{4x^{\frac{3}{2}}}{3x^{\frac{3}{2}}}=\frac{4}{3}$$

(3)　$1<x<\dfrac{1}{\sqrt{y}}$ より $1<-\dfrac{1}{2}\log_x y$ であり　$a<-2$

ゆえに

$$d-c=\frac{2}{3a}-\frac{4}{a}=-\frac{10}{3a}>0$$

解
説

50　解　説

$$c-b=\frac{4}{a}-a=\frac{(2+a)(2-a)}{a}>0$$

したがって　**d＞c＞b**

27

$t=2^x+2^{-x}$　とおくと

$$
\begin{aligned}
4^x+4^{-x}&=(2^x+2^{-x})^2-2\cdot2^x\cdot2^{-x}\\
&=t^2-2\\
8^x+8^{-x}&=(2^x+2^{-x})^3-3\cdot2^x\cdot2^{-x}(2^x+2^{-x})\\
&=t^3-3t
\end{aligned}
$$

であるから

$$
\begin{aligned}
y&=8(8^x+8^{-x})-9\cdot4(4^x+4^{-x})+27\cdot2(2^x+2^{-x})-47\\
&=8(t^3-3t)-36(t^2-2)+54t-47\\
&=8t^3-36t^2+30t+25
\end{aligned}
$$

これを因数分解すると

$$
\begin{aligned}
y&=(2t+1)(4t^2-20t+25)\\
&=(2t+1)(2t-5)^2
\end{aligned}
$$

$2^x>0$，$2^{-x}>0$　より相加平均と相乗平均の関係を用いると

$$2^x+2^{-x}\geqq2\sqrt{2^x\cdot2^{-x}}=2$$

$$\therefore\quad t\geqq2$$

等号は，$2^x=2^{-x}$　つまり　$x=0$　のとき成り立つ。

$t\geqq2$　より　$2t+1>0$，$(2t-5)^2\geqq0$　から，y は

$$t=\frac{5}{2}\ \text{のとき　最小値　}\mathbf{0}$$

をとる。$t=\dfrac{5}{2}$　のとき

$$2^x+\frac{1}{2^x}=\frac{5}{2}$$

$$2(2^x)^2-5\cdot2^x+2=0$$

$$(2^x-2)(2\cdot2^x-1)=0$$

$$2^x=2,\ \frac{1}{2}$$

$$\therefore\quad x=\mathbf{1},\ \mathbf{-1}$$

（注）　$
\begin{aligned}
y'&=24t^2-72t+30\\
&=6(2t-1)(2t-5)
\end{aligned}
$

$t\geqq2$　の範囲で，増減表は次のようになる。

t	2	$\cdots$	$\frac{5}{2}$	$\cdots$
y'		$-$	0	$+$
y		$\searrow$	0	$\nearrow$

◀ $4^x=2^{2x}=(2^x)^2$
　 $4^{-x}=2^{-2x}=(2^{-x})^2$

◀ $8^x=2^{3x}=(2^x)^3$
　 $8^{-x}=2^{-3x}=(2^{-x})^3$

◀ $t=-\dfrac{1}{2}$ のとき $y=0$

組立除法から

$$
\begin{array}{r|rrrr}
-\dfrac{1}{2} & 8 & -36 & 30 & 25\\
 & & -4 & 20 & -25\\
\hline
 & 8 & -40 & 50 & 0\\
\end{array}
$$

◀ $2^x=2^{-x}$ より
　 $x=-x$ から $x=0$

◀ $y\geqq0$

28

(1) $X = 9^x - 3^{x+1} = t^2 - 3t = \left(t - \dfrac{3}{2}\right)^2 - \dfrac{9}{4}$

であり，$t = 3^x > 0$ より，X は $t = \dfrac{3}{2}$ すなわち

$x = \log_3 \dfrac{3}{2} = 1 - \log_3 2$ で，最小値 $-\dfrac{9}{4}$ をとる。

← $9^x = (3^2)^x = (3^x)^2$

(2) （①の左辺）$= 3^{4x} - 2 \cdot 3 \cdot 3^{3x} + 11 \cdot 3^{2x} - 2 \cdot 3 \cdot 3^x - 3$
$= t^4 - 6t^3 + 11t^2 - 6t - 3$
$= (t^2 - 3t)^2 + 2(t^2 - 3t) - 3$
$= X^2 + 2X - 3$

← $3^x = t$

← $t^2 - 3t = X$

であるから，$a = 21$ のとき①は $X^2 + 2X - 24 = 0$ と変形できて，

(1)より $X \geq -\dfrac{9}{4}$ であるから $X = 4$

このとき，$t^2 - 3t - 4 = 0$ であり，$t > 0$ より $t = 4$

ゆえに $x = \log_3 4 = 2\log_3 2$

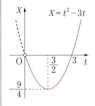

(3) $X = t^2 - 3t \ (t > 0)$ のグラフより，X 1個の値に対して t が 2 個

存在するような X の範囲は $-\dfrac{9}{4} < X < 0$

$y = X^2 + 2X - 3$
$= (X + 1)^2 - 4 \quad \left(-\dfrac{9}{4} < X < 0\right)$

のグラフが，$y = a$ と異なる 2 点で交わるような a の値の範囲は
$-4 < a < -3$

よって $-4 < a < -3$ のとき $X^2 + 2X - 3 = a$ は1個の a に対し

て 2 個の解 $X \left(-\dfrac{9}{4} < X < 0\right)$ をもち，このとき，1 個の X に対し

て 2 個の $t \ (t > 0)$ が決まり，さらに，1 個の t に対して 1 個の x

が決まるから $-4 < a < -3$ のとき①は異なる 4 つの解をもつ。

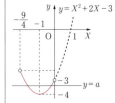

29

①の真数が正であることから

$\begin{cases} 2x + 1 > 0 \\ 4 - x > 0 \\ x + 3a > 0 \end{cases}$

$\therefore \ -\dfrac{1}{2} < x < 4 \ \cdots\cdots Ⓐ \quad$ かつ $\quad x > -3a \ \cdots\cdots Ⓑ$

①より，底を 3 にすると

$2 \cdot \dfrac{\log_3 (2x + 1)}{\log_3 9} + \log_3 (4 - x) = \log_3 (x + 3a) + \log_3 3$

$$\log_3(2x+1)(4-x) = \log_3 3(x+3a)$$

よって
$$(2x+1)(4-x) = 3(x+3a) \quad (③) \qquad \cdots\cdots ①'$$

← $\log_3 9 = 2$

①'より，Ⓐを満たすとき
$$(2x+1)(4-x) > 0$$

であるから，$x+3a>0$ となりⒷを満たすので，③は正しいが，⓪は正しくない。

Ⓑを満たすとき
$$x+3a>0$$

であるから，$(2x+1)(4-x)>0$，すなわち$(2x+1)(x-4)<0$ より $-\dfrac{1}{2}<x<4$ となりⒶを満たすので，①は正しくない。

①'で $x=-2$ とすると $a=-\dfrac{4}{3}$ となる。すなわち，$a=-\dfrac{4}{3}$ のとき $x=-2$ が解となり，Ⓐ，Ⓑをともに満たさない解が存在する。したがって，②は正しい。

以上より，正しいのは ②，③

(1) ①'に $x=\dfrac{1}{2}$ を代入して
$$a=\dfrac{11}{18}$$

このとき，①'を整理すると
$$4x^2-8x+3=0$$
$$(2x-1)(2x-3)=0$$

より，他の解は
$$x=\dfrac{3}{2}$$

(2) ①'は
$$-2x^2+4x+4=9a$$

と表せる。Ⓐを満たす解はⒷを満たすことから，①の実数解は2つのグラフ
$$y=-2x^2+4x+4 \left(-\dfrac{1}{2}<x<4\right), \quad y=9a$$

の共有点の x 座標である。グラフを参照して
①が実数解をもつような a の値の範囲は
$$-12<9a\leqq 6 \quad より \quad -\dfrac{4}{3}<a\leqq\dfrac{2}{3}$$

①が異なる2つの実数解をもつような a の値の範囲は
$$\dfrac{3}{2}<9a<6 \quad より \quad \dfrac{1}{6}<a<\dfrac{2}{3}$$

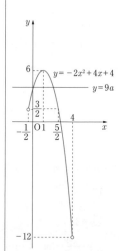

← 共有点が2個ある a の値の範囲。

このとき，大きい方の実数解のとり得る値の範囲は
$$1 < x < \frac{5}{2}$$

← 共有点のうち，x座標の大きい方。

30

〔1〕 $f(x) = \dfrac{2^x+4}{8} = 2^{x-3} + \dfrac{1}{2}$

(1) $y=f(x)$のグラフは，$y=2^x$のグラフをx軸方向に3(⑥)，y軸方向に$\dfrac{1}{2}$(④)だけ平行移動したものである。

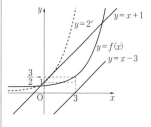

(2) $y=f(x)$は増加関数であるから
$$p < q \iff f(p) < f(q)$$
が成り立つ。また，グラフは第1象限と第2象限のみを通り，直線$y=x-3$とは共有点をもたない。直線$y=x+1$とは共有点を2個もつ。

したがって，正しく記述しているものは
⓪，②，⑥

(3) $f(x) > 1$ より
$$2^{x-3} > \frac{1}{2}$$
$$x - 3 > -1$$
$$\therefore \ x > 2$$

← $\dfrac{1}{2} = 2^{-1}$

また，$f(x) > 4^{x-2}$ より
$$\frac{2^x+4}{8} > \frac{2^{2x}}{16}$$
$$(2^x)^2 - 2 \cdot 2^x - 8 < 0$$
$$(2^x - 4)(2^x + 2) < 0$$
$2^x > 0$ より
$$2^x < 4$$
$$\therefore \ x < 2$$

← 2^xの2次不等式。

(4) $f(x) > \dfrac{1}{2}$ であるから$f(x)=k$の解が存在するような定数kの値の範囲は
$$k > \frac{1}{2}$$
したがって **⓪，①**

54 解説

〔2〕 $g(x)=\log_{\frac{1}{2}}\left(\dfrac{x}{4}-1\right)=\log_{\frac{1}{2}}\dfrac{x-4}{4}=\log_{\frac{1}{2}}(x-4)-\log_{\frac{1}{2}}4$

$\qquad\qquad =\log_{\frac{1}{2}}(x-4)+2$

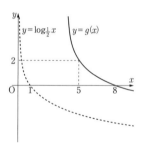

(1) $y=g(x)$ のグラフは $y=\log_{\frac{1}{2}}x$ のグラフを x 軸方向に 4 (⑨), y 軸方向に 2 (⑧) だけ平行移動したものである。

(2) $y=g(x)$ は減少関数であるから

$\qquad p<q \iff g(p)>g(q)$

が成り立つ。また，グラフは第 1 象限と第 4 象限のみを通り，直線 $x=4$ とは共有点をもたない。直線 $y=x$ とは共有点を 1 個だけもつ。

したがって，正しい記述は ①，③

(3) 真数は正であるから

$\qquad x>4$

$g(x)>1$ より

$\qquad \log_{\frac{1}{2}}(x-4)>-1$

$\qquad \therefore\quad x-4<\left(\dfrac{1}{2}\right)^{-1}=2$ ← 底 $\dfrac{1}{2}$ は 1 より小さいので，不等号の向きに注意。

$\qquad \therefore\quad x<6$

よって $\boldsymbol{4<x<6}$

$\qquad \log_{\frac{1}{4}}(x+1)=\dfrac{\log_{\frac{1}{2}}(x+1)}{\log_{\frac{1}{2}}\dfrac{1}{4}}=\dfrac{1}{2}\log_{\frac{1}{2}}(x+1)$ ← $x>4$ より，真数 $x+1>0$

$g(x)>\log_{\frac{1}{4}}(x+1)$ より

$\qquad 2\log_{\frac{1}{2}}\left(\dfrac{x}{4}-1\right)>\log_{\frac{1}{2}}(x+1)$

$\qquad \left(\dfrac{x}{4}-1\right)^2<x+1$ ← 不等号の向きに注意。

$\qquad x^2-24x<0$

$\qquad x(x-24)<0$

$x>4$ より $\boldsymbol{4<x<24}$

(4) $g(2x)=\log_{\frac{1}{2}}\left(\dfrac{x}{2}-1\right)$ より

$\qquad g(x)+g(2x)=\log_{\frac{1}{2}}\left(\dfrac{x}{4}-1\right)\left(\dfrac{x}{2}-1\right)$ ← 真数条件は

$g(x)+g(2x)=-1$ より $\qquad\qquad x>4, 2x>4$

$\qquad \left(\dfrac{x}{4}-1\right)\left(\dfrac{x}{2}-1\right)=2$ $\qquad\qquad$ より $x>4$

$\qquad x^2-6x-8=0$

$x>4$ より $\boldsymbol{x=3+\sqrt{17}}$

解　説　　*55*

31

(1)　$x+2y=2$ と真数条件から　$0<x<2$

このとき

$$\log_{10}\frac{x}{5}+\log_{10}y=\log_{10}\frac{xy}{5}$$

$$=\log_{10}\left(-\frac{1}{10}x^2+\frac{1}{5}x\right)$$

← $y=-\dfrac{1}{2}x+1$

$$=\log_{10}\left\{-\frac{1}{10}(x-1)^2+\frac{1}{10}\right\}$$

であるから　$x=\mathbf{1}$，$y=\dfrac{\mathbf{1}}{\mathbf{2}}$ のとき最大値 $\log_{10}\dfrac{1}{10}=\mathbf{-1}$ をとる。

← $0<x<2$ を満たす。

(2)　$$\left(\log_6\frac{x}{3}\right)(\log_6 y)=\left(\log_6\frac{x}{3}\right)\left(\log_6\frac{x}{2}\right)$$

← $y=\dfrac{1}{2}x>0$

$$=(\log_6 x-\log_6 3)(\log_6 x-\log_6 2)$$

$$=(\log_6 x)^2-(\log_6 3+\log_6 2)\log_6 x+(\log_6 3)(\log_6 2)$$

$$=(\log_6 x)^2-\log_6 x+(\log_6 3)(\log_6 2)$$

← $\log_6 3+\log_6 2=1$

$$=\left(\log_6 x-\frac{1}{2}\right)^2-\frac{1}{4}+(\log_6 3)(\log_6 2)$$

であるから，$\left(\log_6\dfrac{x}{3}\right)(\log_6 y)$ は

$$\log_6 x=\frac{1}{2} \text{ すなわち } x=\sqrt{6} \text{ のとき最小}$$

となり，このとき　$y=\dfrac{x}{2}=\dfrac{\sqrt{6}}{2}$

(3)　$$a=\log_4 x=\frac{\log_2 x}{\log_2 4}=\frac{1}{2}\log_2 x \qquad\qquad \cdots\cdots①$$

← 底の変換公式。

$$b=\log_8 y=\frac{\log_2 y}{\log_2 8}=\frac{1}{3}\log_2 y \qquad\qquad \cdots\cdots②$$

$2a+3b=3$ のとき，①，②より

$$\log_2 x+\log_2 y=3 \qquad \therefore\quad \log_2 xy=3$$

$$\therefore\quad xy=8$$

$x>0$，$y>0$ より，相加平均と相乗平均の関係を用いて

$$x+y\geqq 2\sqrt{xy}=2\sqrt{8}=4\sqrt{2}$$

← $a>0$，$b>0$ のとき

$$\frac{a+b}{2}\geqq\sqrt{ab}$$

等号は $x=y=2\sqrt{2}$ のとき成立。このとき　$a=\dfrac{3}{4}$，$b=\dfrac{1}{2}$

← 等号は $a=b$ のとき成立。

よって，$x+y$ の最小値は $4\sqrt{2}$ である。

また，$ab=\dfrac{2}{3}$ のとき，①，②より

└ $x>1$，$y>1$ を満たす。

$$\frac{1}{6}(\log_2 x)(\log_2 y)=\frac{2}{3}$$

$$\therefore\quad (\log_2 x)(\log_2 y)=4 \qquad\qquad \cdots\cdots③$$

$x>1$, $y>1$ より，$\log_2 x>0$, $\log_2 y>0$ であるから相加平均と相乗平均の関係を用いると

$$\log_2 x + \log_2 y \geqq 2\sqrt{(\log_2 x)(\log_2 y)} = 2\sqrt{4} = 4 \quad (③より)$$

となり

$$\log_2 xy \geqq 4 \quad \therefore \quad xy \geqq 2^4 = 16$$

等号は $\log_2 x = \log_2 y = 2$ $\therefore$ $x = y = 4$

のとき成立。このとき $a=1$, $b=\dfrac{2}{3}$

← $a = \dfrac{1}{2}\log_2 4$

$b = \dfrac{1}{3}\log_2 4$

よって，xy の最小値は 16 である。

(4) 与式を X, Y で表すと

$$X^2 + Y^2 = 2X + 4Y$$
$$(X-1)^2 + (Y-2)^2 = 5$$

であり，$0 < x \leqq 1$ より $X \leqq 0$

よって $(X-1)^2 + (Y-2)^2 = 5$ $(X \leqq 0)$ ……④

であり，点 (X, Y) の存在範囲は右図の実線部分(円弧)となる。

$\log_{10} x^3 y = k$ とおくと $3X + Y = k$ ……⑤

XY 平面上で④，⑤が共有点をもつような k の値の範囲を考える。

⑤が点 $(0, 4)$ を通るとき $k = 4$

⑤が円弧④と接するとき，中心 $(1, 2)$ と⑤との距離が半径と等しいので

$$\dfrac{|3\cdot 1 + 2 - k|}{\sqrt{3^2 + 1^2}} = \sqrt{5} \quad より \quad k = 5 \pm 5\sqrt{2}$$

ゆえに，右図より $5 - 5\sqrt{2} \leqq k \leqq 4$ であり

$\log_{10} x^3 y$ の最大値は 4，最小値は $5 - 5\sqrt{2}$

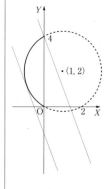

32

(1) $\log_{10} 1 = 0$ (③), $\log_{10} 10 = 1$ (⑤)

$\log_{10} 0.1 = -1$ (①), $\log_{10} 0.01 = -2$ (⓪)

(2) $\log_{10} 0.04 = \log_{10} \dfrac{2^2}{100} = 2\log_{10} 2 - \log_{10} 100$

$\qquad = 2a - 2$

$\log_{10} 0.96 = \log_{10} \dfrac{2^5 \cdot 3}{100} = 5\log_{10} 2 + \log_{10} 3 - \log_{10} 100$

$\qquad = 5a + b - 2$

(3) ガラス板 A が 1 枚のとき，光の強さは 4% 減るので 96% になる。すなわち 0.96 倍になる。

ガラス板 A を n 枚重ねると，光の強さは 0.96^n 倍になるので，$0.96^n \times 100 (\%)$ (⑦)になる。

$\qquad 0.96^n \times 100 \leqq 50$

$0.96^n \leq 0.5$

両辺の常用対数をとると

$n \log_{10} 0.96 \leq \log_{10} 0.5$

$\log_{10} 0.96 = 5 \cdot 0.301 + 0.477 - 2 = -0.018$

$\log_{10} 0.5 = \log_{10} \dfrac{1}{2} = -\log_{10} 2 = -0.301$

より

$-0.018n \leq -0.301$

$n \geq \dfrac{0.301}{0.018} = 16.7\cdots$

したがって，**17** 枚以上。

ガラス板 B を 5 枚重ねると，光の強さは $0.8^5 \times 100 (\%)$ になる。常用対数をとると

$\log_{10}(0.8^5 \times 100) = 5 \log_{10} \dfrac{2^3}{10} + 2$

$\hspace{4em} = 5(3\log_{10} 2 - 1) + 2$

$\hspace{4em} = 1.515$

であり

$\log_{10} 30 = 1.477$

$\log_{10} 40 = 1.602$

であるから

$30 < 0.8^5 \times 100 < 40$

したがって，**30% 以上 40% 未満**。（④）

← $\log_{10} 10 = 1$
$\log_{10} 20 = \log_{10} 2 + 1 = 1.301$
$\log_{10} 30 = \log_{10} 3 + 1 = 1.477$
$\log_{10} 40 = 2\log_{10} 2 + 1 = 1.602$

33

(1) x が 1 から $1+h$ まで変化するときの平均変化率は

$\dfrac{f(1+h) - f(1)}{(1+h) - 1} = \dfrac{f(1+h) - f(1)}{h}$ （②）

$x = 1$ における $f(x)$ の微分係数は

$\lim\limits_{h \to 0} \dfrac{f(1+h) - f(1)}{h}$ （⑤）

(2) $f'(x) = 3ax^2 + 2bx + c$

$f(x)$ が極値をもつ条件は $f'(x) = 0$ が異なる 2 つの実数解をもつことであるから，$f'(x) = 0$ の判別式を D とすると

$\dfrac{D}{4} = b^2 - 3ac > 0$ （⑦）

(3) $f'(x)$ は $1 < x < 2$ の範囲で負から正に変化するから，$f(x)$ は $1 < x < 2$ の範囲において極小値をとる。

$a > 0$ のときは $x < 1$ の範囲において，$a < 0$ のときは $2 < x$ の範囲において，それぞれ $f'(x)$ は正から負に変化するので，

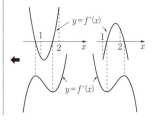

$f(x)$ は $x<1$，または $2<x$ の範囲において極大値をとる。
したがって ②，⑤

(4) $x=0$ で極小値，$x=4$ で極大値をとるから，$a<0$ であり
$$f'(0)=c=0$$
$$f'(4)=48a+8b+c=0$$
よって $b=-6a$，$c=0$
さらに，$f(0)=-4$ より，$d=-4$ であるから
$$f(x)=ax^3-6ax^2-4, \quad f'(x)=3ax^2-12ax$$
$f(x)=-4$ とすると
$$ax^3-6ax^2=0$$
$$x^2(x-6)=0$$
$$x=0, \; 6$$
$0 \leqq x \leqq \alpha$ における最小値が -4 になるのは
$$0 < \alpha \leqq 6$$
$f(-1)=-7a-4$，$f(1)=-5a-4$ より，$f(-1)>f(1)$ であるから
$$f(-1)=3$$
よって $a=-1$

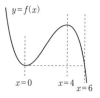

← 条件より，$a<0$ から $x=-1$ で最大。

(5) (4)のとき
$$f(x)=-x^3+6x^2-4, \quad f'(x)=-3x^2+12x$$
$y=f(x)$ 上の点 $(t, f(t))$ における接線 ℓ の方程式は
$$y=(-3t^2+12t)(x-t)-t^3+6t^2-4$$
ℓ の傾きが 9 のとき，$-3t^2+12t=9$ より
$$t=1, \; 3$$
接点の座標は
$$(1, \; 1), \; (3, \; 23)$$
傾きが m であるような ℓ が 1 本だけしか存在しないのは $-3t^2+12t=m$ を満たす t がただ 1 つしか存在しないときで，$3t^2-12t+m=0$ が重解をもつときであり，(判別式)$=0$ より
$$m=12$$
このとき，$t=2$ であるから ℓ の方程式は
$$y=12x-12$$

← $f(1)=1, \; f(3)=23$

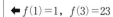
←
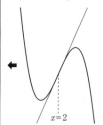

34

$$f(x)=x^3-3ax^2+b$$
$$f'(x)=3x^2-6ax=3x(x-2a)$$
$f'(x)=0$ を満たす x の値は
$$x=0, \; 2a$$

(1) $a>0$ のとき,$f(x)$ の増減は次のようになる。

x	$\cdots$	0	$\cdots$	$2a$	$\cdots$
$f'(x)$	$+$	0	$-$	0	$+$
$f(x)$	↗		↘		↗

極大値 $f(0)=b$

極小値 $f(2a)=-4a^3+b$

a の値を 1 から 1.5 まで増加させると

$\begin{cases} 極大点は動かない & (②) \\ 極小点は下がっていく & (⑦) \end{cases}$

$a<0$ のとき,$f(x)$ の増減は次のようになる。

x	$\cdots$	$2a$	$\cdots$	0	$\cdots$
$f'(x)$	$+$	0	$-$	0	$+$
$f(x)$	↗		↘		↗

極大値 $f(2a)=-4a^3+b$

極小値 $f(0)=b$

a の値を -1 から -1.5 まで減少させると

$\begin{cases} 極大点は上がっていく & (③) \\ 極小点は動かない & (⑤) \end{cases}$

(2) 極大点が第 2 象限にあるのは $a<0$ のときであり,極大点の座標について

$\begin{cases} 2a<0 \\ -4a^3+b>0 \end{cases}$

よって $a<0$ かつ $b>4a^3$ (⑥)

極小点が第 4 象限にあるのは $a>0$ のときであり,極小点の座標について

$\begin{cases} 2a>0 \\ -4a^3+b<0 \end{cases}$

よって $a>0$ かつ $b<4a^3$ (⑤)

(3) 方程式 $f(x)=0$ が正の解を 2 個,負の解を 1 個もつための条件は,$y=f(x)$ のグラフが x 軸と $x>0$ の部分で 2 個,$x<0$ の部分で 1 個共有点をもつことであるから $a>0$ のときであり,極小点が第 4 象限にあり,極大点が $y>0$ の部分にある。したがって

$\begin{cases} a>0 \text{ かつ } b<4a^3 \\ b>0 \end{cases}$

よって $0<b<4a^3$ (⑥)

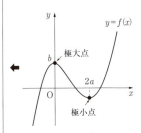

極小点 $(2a,\ -4a^3+b)$

$2a$	2 → 3
$-4a^3+b$	$-4+b$ → $-13.5+b$

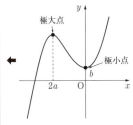

極大点 $(2a,\ -4a^3+b)$

$2a$	-2 → -3
$-4a^3+b$	$4+b$ → $13.5+b$

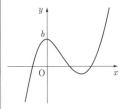

60   解　説

35

(1)　　　$f'(x)=3x^2-6ax+6=3(x^2-2ax+2)$

$f(x)$ が極値をもつ条件は，$f'(x)=0$ が異なる2つの実数解をもつことであり，(判別式)>0 より　$a^2-2>0$

　　$\therefore$　$a<-\sqrt{2}$ または $a>\sqrt{2}$　　　　　　……①

(2)　①のとき α，β は，$f'(x)=0$ の解であるから

　　　　$\alpha+\beta=2a$，　$\alpha\beta=2$

　　　　$\alpha^2+\beta^2=(\alpha+\beta)^2-2\alpha\beta=4a^2-4$

　　　　$\alpha^3+\beta^3=(\alpha+\beta)^3-3\alpha\beta(\alpha+\beta)=8a^3-12a$

◀ 解と係数の関係。

であるから

　　　　$f(\alpha)+f(\beta)$

　　$=\alpha^3+\beta^3-3a(\alpha^2+\beta^2)+6(\alpha+\beta)+8$

　　$=-4a^3+12a+8=-4(a+1)^2(a-2)$

◀ 因数定理。

$f(\alpha)+f(\beta)=0$ のとき，①より　$a=2$

このとき

　　　$\alpha+\beta=4$，　$\alpha\beta=2$，　$\alpha^2+\beta^2=12$

であり，$f'(x)=0$ の解は $x=2\pm\sqrt{2}$ であるから

　　　$|\alpha-\beta|=2\sqrt{2}$

　したがって

　　　(極大値)$-$(極小値)$=|f(\alpha)-f(\beta)|$

　　　　　　　　　　　　$=|\alpha^3-\beta^3-6(\alpha^2-\beta^2)+6(\alpha-\beta)|$

　　　　　　　　　　　　$=|(\alpha-\beta)\{\alpha^2+\beta^2+\alpha\beta-6(\alpha+\beta)+6\}|$

　　　　　　　　　　　　$=|2\sqrt{2}(12+2-6\cdot4+6)|$

　　　　　　　　　　　　$=8\sqrt{2}$

(3)　C_2 を $y=g(x)$ とおく。$f(x)=x^3-6x^2+6x+4$ であるから

　　　$g(x)=(x-1)^3-6(x-1)^2+6(x-1)+4-5$

　　　　　$=x^3-9x^2+21x-14$

◀ $g(x)=f(x-1)-5$

C_1 と C_2 の交点の x 座標は $f(x)=g(x)$ の解であり

$x^3-6x^2+6x+4=x^3-9x^2+21x-14$ より　$x^2-5x+6=0$

　　　$\therefore$　$x=2,\ 3$

$2\leq x\leq3$ において $f(x)\leq g(x)$ であるから，求める面積は

$\displaystyle\int_2^3\{g(x)-f(x)\}\,dx=3\int_2^3(-x^2+5x-6)\,dx$

◀ $\displaystyle\int_2^3\{g(x)-f(x)\}\,dx$

　　　　　　　　　　$=3\left[-\dfrac{1}{3}x^3+\dfrac{5}{2}x^2-6x\right]_2^3=\dfrac{1}{2}$

　　$=-3\displaystyle\int_2^3(x-2)(x-3)\,dx$

　　$=-3\left\{-\dfrac{1}{6}(3-2)^3\right\}$

として求めてもよい。

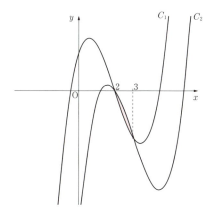

36

$$f(x)=\left[\frac{1}{3}t^3-at^2\right]_{-1}^{x}=\frac{1}{3}x^3-ax^2+a+\frac{1}{3}$$

(1) $f'(x)=x^2-2ax$, $f(1)=\dfrac{2}{3}$

より，C 上の点 $\left(1,\ \dfrac{2}{3}\right)$ における C の接線の方程式は

$$y=(1-2a)(x-1)+\frac{2}{3} \quad \therefore \quad y=(1-2a)x+2a-\frac{1}{3}$$

(2) $f'(x)=x(x-2a)$ より $f(x)$ は $x=0,\ 2a$ で極値をとる。

$0<a<\dfrac{3}{2}$ のとき，増減表は次のようになり

x	0	$\cdots$	$2a$	$\cdots$	3
$f'(x)$	0	$-$	0	$+$	
$f(x)$		↘		↗	

$$g(a)=f(2a)=-\frac{4}{3}a^3+a+\frac{1}{3}$$

$\dfrac{3}{2}\leqq a$ のとき，増減表は次のようになり

x	0	$\cdots$	3
$f'(x)$	0	$-$	
$f(x)$		↘	

$$g(a)=f(3)=-8a+\frac{28}{3}$$

まとめて

←3 と $2a$ の大小で場合分けをする。

62 解　説

$$g(a) = \begin{cases} -\dfrac{4}{3}a^3 + a + \dfrac{1}{3} & \left(0 < a < \dfrac{3}{2}\right) \\ -8a + \dfrac{28}{3} & \left(\dfrac{3}{2} \leqq a\right) \end{cases}$$

いま，$0 < a < \dfrac{3}{2}$ のとき

$$g'(a) = -4a^2 + 1 = -4\left(a + \dfrac{1}{2}\right)\left(a - \dfrac{1}{2}\right)$$

であるから $0 < a \leqq 3$ における $g(a)$ の増減表は次のようになる。

a	0	⋯	$\dfrac{1}{2}$	⋯	$\dfrac{3}{2}$	⋯	3
$g'(a)$		+	0	−		−	
$g(a)$		↗		↘		↘	

したがって，$g(a)$ の最大値は $g\left(\dfrac{1}{2}\right) = \dfrac{2}{3}$

← $a > \dfrac{3}{2}$ のとき
　$g'(a) = -8 < 0$

37

$$\int (-3x^2 + 6x)\,dx = -x^3 + 3x^2 + C = F(x) \text{ とおく。}$$

（C は積分定数）

(1) (i) $0 \leqq a \leqq 1$ のとき

$$f(a) = \int_a^{a+1}(-3x^2+6x)\,dx = F(a+1) - F(a)$$
$$= -(a+1)^3 + 3(a+1)^2 - (-a^3 + 3a^2)$$
$$= -3a^2 + 3a + 2 = -3\left(a - \dfrac{1}{2}\right)^2 + \dfrac{11}{4}$$

(ii) $1 < a < 2$ のとき

$$f(a) = \int_a^2 (-3x^2+6x)\,dx - \int_2^{a+1}(-3x^2+6x)\,dx$$
$$= F(2) - F(a) - F(a+1) + F(2)$$
$$= 2 \cdot 4 - (-a^3 + 3a^2) - \{-(a+1)^3 + 3(a+1)^2\}$$
$$= 2a^3 - 3a^2 - 3a + 6$$

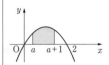

(iii) $2 \leqq a$ のとき

$$f(a) = -\int_a^{a+1}(-3x^2+6x)\,dx = -F(a+1) + F(a)$$
$$= 3a^2 - 3a - 2 = 3\left(a - \dfrac{1}{2}\right)^2 - \dfrac{11}{4}$$

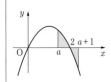

(2) $1 < a < 2$ のとき

$$f'(a) = 6a^2 - 6a - 3 = 6\left(a - \dfrac{1+\sqrt{3}}{2}\right)\left(a - \dfrac{1-\sqrt{3}}{2}\right)$$

であるから $a \geqq 0$ における $f(a)$ の増減表は次のようになる。

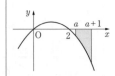

a	0	$\cdots$	$\dfrac{1}{2}$	$\cdots$	1	$\cdots$	$\dfrac{1+\sqrt{3}}{2}$	$\cdots$	2	$\cdots$
$f'(a)$		$+$	0	$-$		$-$	0	$+$		$+$
$f(a)$		↗		↘		↘		↗		↗

$f(0)=f(1)=2$ であるから $f(a)$ は $a=\dfrac{1+\sqrt{3}}{2}$ のとき最小となる。

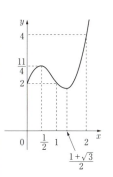

38

(1) OA の傾きは $\dfrac{3}{2}$ であり，$y'=x-\dfrac{1}{2}$ であるから接点の x 座標を t とおくと $t-\dfrac{1}{2}=\dfrac{3}{2}$ より $t=2$

ゆえに接点の座標は $(2,\ 1)$ であり，求める接線の方程式は

$$y=\dfrac{3}{2}x-2$$

△OAP の面積が最大となるのは，点 P から直線 OA までの距離が最大になるときである。このとき点 P における接線は直線 OA と平行になるので，点 P の座標は $(2,\ 1)$ である。

したがって，△OAP の面積の最大値は

$$\dfrac{1}{2}|4\cdot 1-2\cdot 6|=4$$

(注) $\triangle\text{OAP}=\dfrac{1}{2}\left|4\cdot\dfrac{1}{2}p(p-1)-p\cdot 6\right|$

$=|p^2-4p|\ (0<p<4)$

$=-p^2+4p$

$=-(p-2)^2+4$

から求めてもよい。

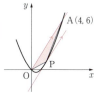

← 三角形の面積。

← $\text{A}(x_1,\ y_1),\ \text{B}(x_2,\ y_2)$ のとき
$\triangle\text{OAB}=\dfrac{1}{2}|x_1y_2-x_2y_1|$

(2) 線分 OA を $1:3$ に内分する点 M の座標は $\left(1,\ \dfrac{3}{2}\right)$

← 内分点。

であり，Q$(X,\ Y)$ とおくと

$$\dfrac{p+X}{2}=1,\quad \dfrac{\dfrac{1}{2}p(p-1)+Y}{2}=\dfrac{3}{2}$$

← M は PQ の中点。

ゆえに

$$X=-p+2,\quad Y=-\dfrac{1}{2}p(p-1)+3$$

であり，p を消去して

$$Y=-\dfrac{1}{2}X^2+\dfrac{3}{2}X+2$$

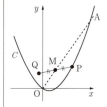

64　解　説

よって　$D: y=-\dfrac{1}{2}x^2+\dfrac{3}{2}x+2$

Dと直線OAの交点のx座標は

$\dfrac{3}{2}x=-\dfrac{1}{2}x^2+\dfrac{3}{2}x+2$

∴　$x=\pm 2$

したがって，Dと直線OAの交点のうちx座標が負となる点の座標は　$(-2,\ -3)$

直線OAとDの$-2\leqq x\leqq 0$の部分とy軸によって囲まれた部分は右図のようになり，求める面積は

$\displaystyle\int_{-2}^{0}\left(-\dfrac{x^2}{2}+\dfrac{3}{2}x+2-\dfrac{3}{2}x\right)dx$

$=\displaystyle\int_{-2}^{0}\left(-\dfrac{x^2}{2}+2\right)dx=\left[-\dfrac{1}{6}x^3+2x\right]_{-2}^{0}=\dfrac{8}{3}$

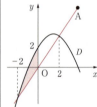

39

(1)　ℓの方程式は

　　$y=(-2a+2)(x-a)-a^2+2a$
　　$y=(-2a+2)x+a^2$

であり　B$(0,\ a^2)$

　C_1とmの接点をD$(b,\ -b^2+2b)$とおくと，mの方程式は

　　$y=(-2b+2)x+b^2$

であり，これが点Bを通ることと，$a\neq b$より　$b=-a$

したがって，mの方程式は

　　$y=2(a+1)x+a^2$

であり

　　D$(-a,\ -a^2-2a)$

ℓとmが直交しているとき

　　$(-2a+2)(2a+2)=-1$

　　$a^2=\dfrac{5}{4}$

$a>0$より　$a=\dfrac{\sqrt{5}}{2}$

$S_1=\displaystyle\int_{-a}^{0}\{2(a+1)x+a^2-(-x^2+2x)\}dx$

$\qquad +\displaystyle\int_{0}^{a}\{(-2a+2)x+a^2-(-x^2+2x)\}dx$

$=\displaystyle\int_{-a}^{0}(x^2+2ax+a^2)dx+\displaystyle\int_{0}^{a}(x^2-2ax+a^2)dx$

$=\left[\dfrac{1}{3}x^3+ax^2+a^2x\right]_{-a}^{0}+\left[\dfrac{1}{3}x^3-ax^2+a^2x\right]_{0}^{a}$

← $y'=-2x+2$

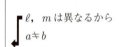

$\ell,\ m$は異なるから
$a\neq b$

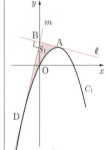

$S_1=\displaystyle\int_{-a}^{0}(x+a)^2 dx$

$\qquad +\displaystyle\int_{0}^{a}(x-a)^2 dx$

$=\left[\dfrac{1}{3}(x+a)^3\right]_{-a}^{0}$

$\qquad +\left[\dfrac{1}{3}(x-a)^3\right]_{0}^{a}$

と計算してもよい。

$$= \frac{a^3}{3} + \frac{a^3}{3} = \frac{2}{3}a^3$$

ゆえに，$a = \frac{\sqrt{5}}{2}$ より $S_1 = \dfrac{5\sqrt{5}}{12}$

(2) C_2 が 2 点 A，B を通るとき
$$-a^2 + 2a = a^2 + pa + q, \quad a^2 = q$$
であり，$a > 0$ より
$$p = 2 - 3a, \quad q = a^2$$
したがって，C_2 の方程式は
$$y = x^2 + (2 - 3a)x + a^2$$
C_1 と C_2 の交点の x 座標は
$$-x^2 + 2x = x^2 + (2 - 3a)x + a^2$$
$$2x^2 - 3ax + a^2 = 0$$
$$\therefore \quad x = \frac{a}{2}, \; a$$

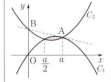

$$S_2 = \int_{\frac{a}{2}}^{a} [(-x^2 + 2x) - \{x^2 + (2 - 3a)x + a^2\}]\,dx$$
$$= \int_{\frac{a}{2}}^{a} (-2x^2 + 3ax - a^2)\,dx$$
$$= \left[-\frac{2}{3}x^3 + \frac{3}{2}ax^2 - a^2 x\right]_{\frac{a}{2}}^{a}$$
$$= -\frac{a^3}{6} - \left(-\frac{5}{24}a^3\right) = \frac{a^3}{24}$$

← $S_2 = -2\int_{\frac{a}{2}}^{a}\left(x - \frac{a}{2}\right)(x - a)\,dx$
$$= \frac{2}{6}\left(a - \frac{a}{2}\right)^3$$
と計算してもよい。

であるから $\dfrac{S_2}{S_1} = \dfrac{a^3}{24} \cdot \dfrac{3}{2a^3} = \dfrac{1}{16}$

40

点 P における C_2 の接線 ℓ の方程式は，$y' = \dfrac{3}{4}x$ より
$$y = \frac{3}{4}p(x - p) + \frac{3}{8}p^2 \quad \therefore \quad y = \frac{3}{4}px - \frac{3}{8}p^2$$

C_1 と C_2 が点 P を共有し，この点における接線が一致するとき，直線 AP と ℓ は直交する。AP の傾きは $\dfrac{\frac{3}{8}p^2 - 2}{p}$ であるから

$$\frac{\frac{3}{8}p^2 - 2}{p} \cdot \frac{3}{4}p = -1 \; \text{と} \; p > 0 \; \text{より} \quad p = \frac{4}{3}$$

よって，点 P の座標は $\left(\dfrac{4}{3}, \dfrac{2}{3}\right)$

66　解説

$$r = \mathrm{AP} = \sqrt{\left(\frac{4}{3}\right)^2 + \left(\frac{2}{3} - 2\right)^2} = \frac{4\sqrt{2}}{3}$$

このとき，直線 AP の方程式は $y = -x + 2$ であるから，直線 AP と y 軸とのなす鋭角は $\dfrac{\pi}{4}$

C_1 の $y \leq 2$ の部分と C_2 で囲まれる図形の面積は

$$2\left\{\int_0^{\frac{4}{3}}\left\{(-x+2) - \frac{3}{8}x^2\right\}dx - \pi\left(\frac{4\sqrt{2}}{3}\right)^2 \cdot \frac{1}{8}\right\}$$

$$= 2\left\{\left[-\frac{x^2}{2} + 2x - \frac{1}{8}x^3\right]_0^{\frac{4}{3}} - \frac{4}{9}\pi\right\} = 2\left(\frac{40}{27} - \frac{4}{9}\pi\right) = \frac{8}{9}\left(\frac{10}{3} - \pi\right)$$

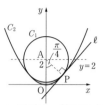

← 図形の y 軸に関する対称性を利用する。

41

(1) $F_1{}'(x) = F_2{}'(x) = f(x)$ より $F_1(x)$, $F_2(x)$ の増減は，$t>0$ より $i=1, 2$ として次のようになる。

　　$a>0$ のとき

x	$\cdots$	0	$\cdots$	t	$\cdots$
$F_i{}'(x)$	$+$	0	$-$	0	$+$
$F_i(x)$	↗	極大	↘	極小	↗

（グラフは①，②，③）

　　$a<0$ のとき

x	$\cdots$	0	$\cdots$	t	$\cdots$
$F_i{}'(x)$	$-$	0	$+$	0	$-$
$F_i(x)$	↘	極小	↗	極大	↘

（グラフは⑤，⑦，⑧）

$F_1(t) = 0$ より，$y = F_1(x)$ は

　　　$a>0$ のとき，極大値が正，極小値が 0　（③）
　　　$a<0$ のとき，極大値が 0，極小値が負　（⑤）

$F_2\left(\dfrac{t}{2}\right) = 0$ より，$y = F_2(x)$ は

　　　$a>0$ のとき，極大値が正，極小値が負　（②）
　　　$a<0$ のとき，極大値が正，極小値が負　（⑧）

(2) $a<0$ より

　　　$0 < x < t$ において　$f(x) > 0$
　　　$t < x < 2t$ において　$f(x) < 0$

よって

$$S = \int_0^t f(x)\,dx, \quad T = -\int_t^{2t} f(x)\,dx$$

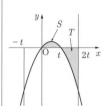

したがって
$$\int_0^t f(x)\,dx = S \quad (⓪)$$
$$\int_t^{2t} f(x)\,dx = -T \quad (③)$$
$$\int_0^{2t} f(x)\,dx = \int_0^t f(x)\,dx + \int_t^{2t} f(x)\,dx = S - T \quad (④)$$
$$\int_t^0 f(x)\,dx = -\int_0^t f(x)\,dx = -S \quad (①)$$

$y=f(x)$ のグラフは $x=\dfrac{t}{2}$ に関して対称であるから
$$\int_{-t}^0 f(x)\,dx = \int_t^{2t} f(x)\,dx (=-T)$$
が成り立つ。
$$\int_{-t}^t f(x)\,dx = \int_{-t}^0 f(x)\,dx + \int_0^t f(x)\,dx$$
$$= \int_t^{2t} f(x)\,dx + \int_0^t f(x)\,dx$$
$$= \int_0^{2t} f(x)\,dx = S - T \quad (④)$$

(3) $a>0$ のとき
　　$0<x<t$ において $f(x)<0$
　　$t<x<2t$ において $f(x)>0$
であるから，$0\leqq x \leqq 2t$ において
$$|f(x)| = \begin{cases} -f(x) & (0\leqq x \leqq t) \\ f(x) & (t\leqq x \leqq 2t) \end{cases}$$
よって
$$\int_0^{2t} |f(x)|\,dx = \int_0^t |f(x)|\,dx + \int_t^{2t} |f(x)|\,dx$$
$$= -\int_0^t f(x)\,dx + \int_t^{2t} f(x)\,dx \quad (③)$$

42

(1) 原点における C の接線の傾きは 3 であるから，C と ℓ が $x>0$ の範囲で共有点をもつ条件は $0<a<3$

(2) $3x-x^2=ax$ より $x=0,\ 3-a$
であり，$0<a<3$ のとき C，ℓ の O 以外の共有点の x 座標は $3-a$ であるから
$$S_1 = \int_0^{3-a} (3x-x^2-ax)\,dx = \left[-\dfrac{1}{3}x^3 + \dfrac{3-a}{2}x^2\right]_0^{3-a}$$

← C について，$y'=3-2x$

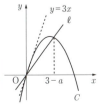

$$=\frac{(3-a)^3}{6}$$

$$S_2=\int_0^3 (3x-x^2)\,dx=\left[\frac{3}{2}x^2-\frac{1}{3}x^3\right]_0^3=\frac{9}{2}$$

$S_1:S_2=1:64$ のとき

$$\frac{(3-a)^3}{6}=\frac{1}{64}\cdot\frac{9}{2} \text{ であり } (3-a)^3=\frac{27}{64} \text{ より}$$

$$3-a=\frac{3}{4} \quad \therefore \quad a=\frac{9}{4}$$

← S_1, S_2 とも
$$\int_\alpha^\beta (x-\alpha)(x-\beta)\,dx$$
$$=-\frac{1}{6}(\beta-\alpha)^3$$
で計算できる。

(3) m の方程式は $y=-3x+9$

C と x 軸の O 以外の共有点を A, ℓ と m の交点を B とすると
A(3, 0)であり, $ax=-3x+9$ より

$$B\left(\frac{9}{a+3},\ \frac{9a}{a+3}\right)$$

C と ℓ と m の3つで囲まれた図形の面積が S_1 に等しいとき

$$\triangle\text{OAB}=S_2$$

であり

$$\triangle\text{OAB}=\frac{1}{2}\cdot\text{OA}\cdot\frac{9a}{a+3}=\frac{27a}{2(a+3)}$$

であるから, $\dfrac{27a}{2(a+3)}=\dfrac{9}{2}$ より $a=\dfrac{3}{2}$

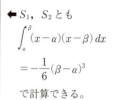

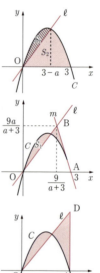

(4) ℓ と直線 $x=3$ の交点を D(3, 3a)とすると

$$\triangle\text{OAD}=\frac{1}{2}\cdot 3\cdot 3a=\frac{9}{2}a$$

(2)の S_1, S_2 を用いると

$$T=2S_1+\triangle\text{OAD}-S_2$$
$$=2\cdot\frac{(3-a)^3}{6}+\frac{9}{2}a-\frac{9}{2}$$
$$=-\frac{1}{3}a^3+3a^2-\frac{9}{2}a+\frac{9}{2}$$

$$T'=-a^2+6a-\frac{9}{2}$$
$$=-\frac{1}{2}(2a^2-12a+9)$$

$T'=0$ のとき $a=\dfrac{6-3\sqrt{2}}{2}$ から, T の増減は次のようになる。

a	(0)	$\cdots$	$\dfrac{6-3\sqrt{2}}{2}$	$\cdots$	1	$\cdots$	(3)
T'		$-$	0	$+$		$+$	
T		↘	極小	↗		↗	

よって, $0<a<1$ の範囲において, T は極小値をとるが, 極

←(1)より $0<a<3$ であり
$$0<\frac{6-3\sqrt{2}}{2}<1$$

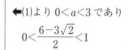

解　説　*69*

大値はとらない。(①)

また，$0<a<3$ の範囲においては，T は

$$a=\frac{6-3\sqrt{2}}{2}$$ のとき最小値

をとり，最小値は

$$\frac{9(2-\sqrt{2})}{2}$$

$a=\dfrac{6-3\sqrt{2}}{2}$ のとき

$$S_1=\frac{\left(3-\dfrac{6-3\sqrt{2}}{2}\right)^3}{6}$$

$$=\frac{9\sqrt{2}}{8}$$

43

$$a_n=61-2(n-1)=63-2n$$

← $a_n=a+(n-1)d$

(1)　$a_n\geqq0$ とすると，$63-2n\geqq0$ より　$n\leqq31.5$

よって，数列 $\{a_n\}$ は初項から第 31 項までが正の数であり第 32 項から負の数になる。

したがって，S_n は $n=31$ のとき最大値をとる。

最大値は

$$\frac{31}{2}\{2\cdot61+30\cdot(-2)\}=\mathbf{961}$$

← 和 S_n の最大値は a_n の符号で考えればよい。

← $S_n=\dfrac{n}{2}\{2a+(n-1)d\}$

また　$|a_n|\leqq61$ とすると

$$-61\leqq63-2n\leqq61$$

$$\therefore\quad 1\leqq n\leqq62$$

よって，$|a_n|\leqq61$ を満たす項は **62** 個あり，数列 $\{|a_n|\}$ は

$$61,\ 59,\ \cdots\cdots,\ 3,\ 1,\ 1,\ 3,\ \cdots\cdots,\ 59,\ 61$$

となるから

$$\sum_{k=1}^{62}|a_k|=2\sum_{k=1}^{31}a_k$$

$$=2\cdot961$$

$$=\mathbf{1922}$$

(2)　数列 $\{a_n\}$ の連続して並ぶ 6 項の最初の項を b とすると 6 項は

$$b,\ b-2,\ b-4,\ b-6,\ b-8,\ b-10$$

よって

$$b+(b-2)+(b-4)+(b-6)=(b-8)+(b-10)$$

$$\therefore\quad b=\mathbf{-3}$$

$a_n=-3$ とすると

$$63-2n=-3$$

$$\therefore\quad n=\mathbf{33}$$

(3)　数列 $\{a_n\}$ の連続して並ぶ $4m+2$ 項の最初の項を c とすると初めの $2m+2$ 項の和 T は

$$T=\frac{2m+2}{2}\{2c-2(2m+1)\}$$

← $S_n=\dfrac{n}{2}\{2a+(n-1)d\}$

70 解 説

$$=2(m+1)(c-2m-1)$$

$4m+2$ 項の和 $T+U$ は

$$T+U=\frac{4m+2}{2}\{2c-2(4m+1)\}$$

$$=2(2m+1)(c-4m-1)$$

$T=U$ のとき $T+U=2T$ であるから

$$2(2m+1)(c-4m-1)=4(m+1)(c-2m-1)$$

$$\therefore \quad c=-4m^2+1$$

$a_n=c$ とすると

$$63-2n=-4m^2+1$$

$$\therefore \quad n=2m^2+31$$

44

$S_n=n^2+2n$ のとき

$$a_1=S_1=3$$ ← $a_1=S_1$

$n\geqq 2$ のとき

$$a_n=S_n-S_{n-1}$$

$$=n^2+2n-\{(n-1)^2+2(n-1)\}$$

$$=2n+1$$

これは $n=1$ のときも成り立つ。

よって，$a_n=2n+1$ であるから，数列 $\{a_n\}$ は初項 **3**，公差 **2** の等差数列である。

(1)
$$\sum_{k=1}^{n}a_ka_{k+1}=\sum_{k=1}^{n}(2k+1)(2k+3)=4\sum_{k=1}^{n}k^2+8\sum_{k=1}^{n}k+\sum_{k=1}^{n}3$$

$$=4\cdot\frac{1}{6}n(n+1)(2n+1)+8\cdot\frac{1}{2}n(n+1)+3n$$

$$=\frac{4}{3}n^3+6n^2+\frac{23}{3}n$$

$$\sum_{k=1}^{n}\frac{1}{a_ka_{k+1}}=\sum_{k=1}^{n}\frac{1}{(2k+1)(2k+3)}=\frac{1}{2}\sum_{k=1}^{n}\left(\frac{1}{2k+1}-\frac{1}{2k+3}\right)$$

← $\dfrac{1}{(2k+1)(2k+3)}$

$$=\frac{1}{2}\left\{\left(\frac{1}{3}-\frac{1}{5}\right)+\left(\frac{1}{5}-\frac{1}{7}\right)+\cdots\cdots+\left(\frac{1}{2n+1}-\frac{1}{2n+3}\right)\right\}$$

$=\dfrac{1}{2}\left(\dfrac{1}{2k+1}-\dfrac{1}{2k+3}\right)$

$$=\frac{1}{2}\left(\frac{1}{3}-\frac{1}{2n+3}\right)=\frac{n}{3(2n+3)}$$

(2)
$$\sum_{k=1}^{2n}(-1)^ka_k=-a_1+a_2-a_3+a_4\cdots\cdots-a_{2n-1}+a_{2n}$$

$$=(a_2-a_1)+(a_4-a_3)+\cdots\cdots+(a_{2n}-a_{2n-1})$$

$$=\sum_{k=1}^{n}(a_{2k}-a_{2k-1})\quad(②，③)$$

$$=\sum_{k=1}^{n}2$$ ← $a_{2k}-a_{2k-1}$ は公差に等しい。

$$=2n\quad(⑦)$$

解 説　*71*

(3) (2)と同様に考えて

$$\sum_{k=1}^{2n}(-1)^k a_k{}^2=\sum_{k=1}^{n}(a_{2k}{}^2-a_{2k-1}{}^2)$$

$$=\sum_{k=1}^{n}\{(4k+1)^2-(4k-1)^2\}$$

$$=\sum_{k=1}^{n}16k=16\cdot\frac{1}{2}n(n+1)$$

$$=8n^2+8n$$

45

(1)　$a_n=2\left(\dfrac{2}{3}\right)^{n-1}$ より

$$b_n=a_{2n}=2\left(\frac{2}{3}\right)^{2n-1}=\frac{4}{3}\left(\frac{4}{9}\right)^{n-1}$$

$$\sum_{k=1}^{n}b_k=\frac{\dfrac{4}{3}\left\{1-\left(\dfrac{4}{9}\right)^n\right\}}{1-\dfrac{4}{9}}=\frac{12}{5}\left\{1-\left(\frac{4}{9}\right)^n\right\}$$

←初項 $\dfrac{4}{3}$，公比 $\dfrac{4}{9}$ の等比数列の和。

また

$$b_1 b_2\cdots\cdots b_n=2\left(\frac{2}{3}\right)\cdot2\left(\frac{2}{3}\right)^3\cdot2\left(\frac{2}{3}\right)^5\cdots\cdots2\left(\frac{2}{3}\right)^{2n-1}$$

$$=2^n\left(\frac{2}{3}\right)^{1+3+5+\cdots+(2n-1)}$$

←指数法則。

$$=2^n\left(\frac{2}{3}\right)^{\frac{n(1+2n-1)}{2}}$$

$$=2^n\left(\frac{2}{3}\right)^{n^2}$$

(2)　【考え方1】

数列 $\{b_n\}$ は初項 $\dfrac{4}{3}$，公比 $r\left(=\dfrac{4}{9}\right)$ の等比数列である。

$$S_n=\frac{4}{3}+2\cdot\frac{4}{3}r+3\cdot\frac{4}{3}r^2+\cdots\cdots\cdots+n\cdot\frac{4}{3}r^{n-1}$$

$$-\underline{\left)\ \ rS_n=\qquad\frac{4}{3}r+2\cdot\frac{4}{3}r^2+\cdots\cdots+(n-1)\frac{4}{3}r^{n-1}+n\cdot\frac{4}{3}r^n\right.}$$

←r の指数部分をそろえる。

$$(1-r)S_n=\frac{4}{3}\ +\frac{4}{3}r\ \ +\frac{4}{3}r^2+\cdots\cdots\cdots+\frac{4}{3}r^{n-1}-n\cdot\frac{4}{3}r^n$$

$$=\frac{\dfrac{4}{3}(1-r^n)}{1-r}-n\cdot\frac{4}{3}r^n$$

$$=\frac{4}{3}\left(\frac{1-r^n}{1-r}-nr^n\right)\quad(\text{\textcircled{0}},\ \text{\textcircled{0}})$$

解
説

72　解　説

$$\frac{5}{9}S_n=\frac{4}{3}\left\{\frac{1-\left(\frac{4}{9}\right)^n}{\frac{5}{9}}-n\left(\frac{4}{9}\right)^n\right\}$$

← $r=\dfrac{4}{9}$

$$S_n=\frac{12}{5}\left\{\frac{9}{5}-\left(n+\frac{9}{5}\right)\left(\frac{4}{9}\right)^n\right\}$$

$$=\frac{12}{25}\left\{9-(5n+9)\left(\frac{4}{9}\right)^n\right\}$$

【考え方2】

数列 $\{b_n\}$ は公比 $\dfrac{4}{9}$ の等比数列であるから，$b_{n+1}=\dfrac{4}{9}b_n$ が成り立つので

$$\frac{9}{4}(k+1)b_{k+1}-kb_k=\frac{9}{4}(k+1)\cdot\frac{4}{9}b_k-kb_k$$

$$=b_k$$

よって

$$\sum_{k=1}^{n}\left\{\frac{9}{4}(k+1)b_{k+1}-kb_k\right\}=\sum_{k=1}^{n}b_k \qquad \cdots\cdots①$$

ここで，①の左辺は

$$(左辺)=\frac{9}{4}\sum_{k=1}^{n}(k+1)b_{k+1}-\sum_{k=1}^{n}kb_k$$

$$=\frac{9}{4}(S_{n+1}-b_1)-S_n$$

← $S_{n+1}=S_n+(n+1)b_{n+1}$

$$=\frac{9}{4}\left\{S_n+(n+1)b_{n+1}-\frac{4}{3}\right\}-S_n$$

$$=\frac{9}{4}\left\{S_n+(n+1)\cdot\frac{4}{9}b_n-\frac{4}{3}\right\}-S_n$$

$$=\frac{5}{4}S_n+(n+1)b_n-3 \qquad \cdots\cdots②$$

となるので，①，②より

$$\frac{5}{4}S_n+(n+1)b_n-3=\sum_{k=1}^{n}b_k$$

よって

$$S_n=\frac{4}{5}\left\{\sum_{k=1}^{n}b_k-(n+1)b_n+3\right\}$$

← (1)より $b_n=\dfrac{4}{3}\left(\dfrac{4}{9}\right)^{n-1}$，

$$=\frac{4}{5}\left[\frac{12}{5}\left\{1-\left(\frac{4}{9}\right)^n\right\}-(n+1)\cdot\frac{4}{3}\left(\frac{4}{9}\right)^{n-1}+3\right]$$

$\displaystyle\sum_{k=1}^{n}b_k=\dfrac{12}{5}\left\{1-\left(\dfrac{4}{9}\right)^n\right\}$

$$=\frac{12}{25}\left\{9-(5n+9)\left(\frac{4}{9}\right)^n\right\}$$

46

(1) 第4群は7個の奇数からなり，最初の数が19であるから第5
群の最初の数 a_5 は

$$a_5=19+2\cdot 7=33$$

数列 $\{a_n\}$ の階差数列 $\{b_n\}$ は初項 2，公差 4 の等差数列であるから

$$b_n=2+4(n-1)=4n-2$$

よって，$n\geqq 2$ のとき

$$\begin{aligned}
a_n&=a_1+\sum_{k=1}^{n-1}(4k-2)\\
&=1+4\sum_{k=1}^{n-1}k-\sum_{k=1}^{n-1}2\\
&=1+4\cdot\frac{(n-1)n}{2}-2(n-1)\\
&=2n^2-4n+3
\end{aligned}$$

これは $n=1$ のときも成り立っているので

$$a_n=2n^2-4n+3 \quad (n=1,\ 2,\ 3,\ \cdots\cdots)$$

(注) $n\geqq 2$ のとき，第1群から第 $n-1$ 群までに含まれる項の
個数は

$$\begin{aligned}
\sum_{k=1}^{n-1}(2k-1)&=2\sum_{k=1}^{n-1}k-\sum_{k=1}^{n-1}1\\
&=2\cdot\frac{(n-1)n}{2}-(n-1)\\
&=n^2-2n+1
\end{aligned}$$

よって，a_n は1から数えて n^2-2n+2 番目の奇数であるから

$$\begin{aligned}
a_n&=2(n^2-2n+2)-1\\
&=2n^2-4n+3
\end{aligned}$$

である。これは $n=1$ のときも成り立っている。

(2) $n=20$ とすると

$$a_{20}=2\cdot 20^2-4\cdot 20+3=723$$

であるから，第20群の最初の数が723

777 が第20群の m 番目 $(1\leqq m\leqq 39)$ とすると

$$777=723+2(m-1)$$

$$\therefore\quad m=28$$

これは $1\leqq m\leqq 39$ を満たすから，777 は第 **20** 群の **28** 番目の数。

(3) 第 n 群は a_n を初項とする公差2，項数 $2n-1$ の等差数列で
あるから，その和は

$$\frac{2n-1}{2}\{2(2n^2-4n+3)+2(2n-2)\}$$

$$=4n^3-6n^2+4n-1$$

(4) $\quad c_n=a_{n+2}-3$

← $\{a_n\}$: 1, 3, 9, 19, 33…
　$\{b_n\}$: 　2, 6, 10, 14…

← $a_n=a_1+\displaystyle\sum_{k=1}^{n-1}b_k$

　$(n\geqq 2)$

← $a_1=2\cdot 1^2-4\cdot 1+3$
　$=1$

← $2n^2-4n+3$ が 777 に近い
　数となる n を見つける。

← $\dfrac{n}{2}\{2a+(n-1)d\}$ の n を
　$2n-1$ に a を $2n^2-4n+3$
　に置き換えればよい。

74　解　説

$$=2(n+2)^2-4(n+2)+3-3$$
$$=2n^2+4n$$

$$\frac{1}{c_n}=\frac{1}{2n^2+4n}=\frac{1}{2n(n+2)}$$

$$=\frac{1}{4}\left(\frac{1}{n}-\frac{1}{n+2}\right)$$

← 部分分数に分ける。

$$\sum_{k=1}^{n}\frac{1}{c_k}=\frac{1}{4}\sum_{k=1}^{n}\left(\frac{1}{k}-\frac{1}{k+2}\right)$$

$$=\frac{1}{4}\left\{\left(\frac{1}{1}-\frac{1}{3}\right)+\left(\frac{1}{2}-\frac{1}{4}\right)+\left(\frac{1}{3}-\frac{1}{5}\right)+\cdots\cdots\right.$$

$$\left.\cdots\cdots+\left(\frac{1}{n-1}-\frac{1}{n+1}\right)+\left(\frac{1}{n}-\frac{1}{n+2}\right)\right\}$$

$$=\frac{1}{4}\left(\frac{1}{1}+\frac{1}{2}-\frac{1}{n+1}-\frac{1}{n+2}\right)$$

$$=\frac{1}{4}\left\{\frac{3}{2}-\frac{2n+3}{(n+1)(n+2)}\right\}$$

$$=\frac{3(n+1)(n+2)-2(2n+3)}{8(n+1)(n+2)}$$

$$=\frac{3n^2+5n}{8(n^2+3n+2)}$$

47

$$\frac{1}{2}\left|\frac{3}{2},\ \frac{3}{2^2}\right|\frac{5}{2},\ \frac{5}{2^2},\ \frac{5}{2^3}\left|\frac{7}{2},\ \frac{7}{2^2},\ \frac{7}{2^3},\ \frac{7}{2^4}\right|\frac{9}{2},\ \cdots\cdots$$

上のように群に分ける。このとき，第 k 群の分子は $2k-1$ である。

(1)　$27=2\cdot14-1$ であるから，$\dfrac{27}{2}$ は第 14 群の 1 番目

第 k 群には k 個の数が含まれるから，$\dfrac{27}{2}$ は

$$\sum_{k=1}^{13}k+1=\frac{13\cdot14}{2}+1=\mathbf{92}\text{（項）}$$

初項から第 92 項までに分母が 2 である項は

$$\frac{1}{2},\ \frac{3}{2},\ \frac{5}{2},\ \cdots\cdots,\ \frac{27}{2}$$

であるから 14 個あり，これらの和は

$$\frac{14}{2}\left(\frac{1}{2}+\frac{27}{2}\right)=\mathbf{98}$$

← 初項 $\dfrac{1}{2}$，末項 $\dfrac{27}{2}$，項数 14 の等差数列の和。

(2)　$41=2\cdot21-1$ であるから，分子が 41 である項は第 21 群であり，書き並べると

$$\frac{41}{2}, \ \frac{41}{2^2}, \ \cdots\cdots, \ \frac{41}{2^{21}}$$

の 21 個であり，これらの和は

$$\frac{\dfrac{41}{2}\left\{1-\left(\dfrac{1}{2}\right)^{21}\right\}}{1-\dfrac{1}{2}}=41\left(1-\frac{1}{2^{21}}\right)$$

(3) 第 1 群から第 n 群の最後の項までに

$$\sum_{k=1}^{n} k=\frac{n(n+1)}{2}（個）$$

の項がある。

$$\frac{13\cdot14}{2}=91, \quad \frac{14\cdot15}{2}=105$$

であるから，第 100 項は，第 14 群の 9 番目であり

$$\frac{27}{2^9}$$

◆ 分子は $2\cdot14-1=27$

(4) $\dfrac{2m-1}{2}$ は第 m 群の最初の数であるから

$$\sum_{k=1}^{m-1} k+1=\frac{m(m-1)}{2}+1 \quad （④）$$

番目にある。

$\dfrac{2m-1}{2^m}$ は第 m 群の最後の数であるから

$$\sum_{k=1}^{m} k=\frac{m(m+1)}{2} \quad （⑤）$$

番目にある。

$$\sum_{k=\frac{m(m-1)}{2}+1}^{\frac{m(m+1)}{2}} a_k=\frac{2m-1}{2}+\frac{2m-1}{2^2}+\cdots\cdots+\frac{2m-1}{2^m}$$

$$=(2m-1)\left(\frac{1}{2}+\frac{1}{2^2}+\cdots\cdots+\frac{1}{2^m}\right)$$

$$=(2m-1)\frac{\dfrac{1}{2}\left\{1-\left(\dfrac{1}{2}\right)^m\right\}}{1-\dfrac{1}{2}}$$

$$=(2m-1)\left(1-\frac{1}{2^m}\right) \quad （②，⑧）$$

であり，$\displaystyle\sum_{k=1}^{\frac{m(m+1)}{2}} a_k$ は第 1 群から第 m 群の最後の数までの和であるから

$$\sum_{k=1}^{\frac{m(m+1)}{2}} a_k=\sum_{k=1}^{m} S_k \quad （⓪）$$

である。

76   解 説

48

$$S_n = \frac{2}{5}a_n + 3n \qquad \qquad \cdots\cdots①$$

$n=1$ とすると

$$S_1 = \frac{2}{5}a_1 + 3\cdot 1$$

$S_1 = a_1$ であるから

$$a_1 = \frac{2}{5}a_1 + 3 \qquad \therefore \quad a_1 = 5$$

また

$$S_{n+1} - S_n = \left\{\frac{2}{5}a_{n+1} + 3(n+1)\right\} - \left(\frac{2}{5}a_n + 3n\right)$$

$$= \frac{2}{5}a_{n+1} - \frac{2}{5}a_n + 3$$

$S_{n+1} - S_n = a_{n+1}$ であるから

$$a_{n+1} = \frac{2}{5}a_{n+1} - \frac{2}{5}a_n + 3$$

$$\frac{3}{5}a_{n+1} = -\frac{2}{5}a_n + 3$$

$$\therefore \quad a_{n+1} = -\frac{2}{3}a_n + 5$$

これは

$$a_{n+1} - 3 = -\frac{2}{3}(a_n - 3)$$

$\leftarrow \alpha = -\dfrac{2}{3}\alpha + 5$

より $\alpha = 3$

と変形できるから，数列 $\{a_n - 3\}$ は初項 $a_1 - 3 = 2$，公比 $-\dfrac{2}{3}$ の等

比数列である。

よって

$$a_n - 3 = 2\left(-\frac{2}{3}\right)^{n-1}$$

$$\therefore \quad a_n = 2\left(-\frac{2}{3}\right)^{n-1} + 3$$

さらに，①より

$$\sum_{k=1}^{n} S_k = \sum_{k=1}^{n}\left(\frac{2}{5}a_k + 3k\right)$$

$$= \frac{2}{5}\sum_{k=1}^{n} a_k + 3\sum_{k=1}^{n} k$$

$$= \frac{2}{5}S_n + \frac{3n^2 + 3n}{2}$$

$$= \frac{2}{5}\left(\frac{2}{5}a_n + 3n\right) + \frac{3}{2}n^2 + \frac{3}{2}n$$

$$=\frac{4}{25}a_n+\frac{3}{2}n^2+\frac{27}{10}n$$

となるから

$$\sum_{k=1}^{n}S_k=\frac{4}{25}\left\{2\left(-\frac{2}{3}\right)^{n-1}+3\right\}+\frac{3}{2}n^2+\frac{27}{10}n$$

$$=\frac{8}{25}\left(-\frac{2}{3}\right)^{n-1}+\frac{3}{2}n^2+\frac{27}{10}n+\frac{12}{25}$$

$T=\sum_{k=1}^{n}S_{2k-1}$, $U=\sum_{k=1}^{n}S_{2k}$ であるから

$$U-T=\sum_{k=1}^{n}S_{2k}-\sum_{k=1}^{n}S_{2k-1}$$

$$=\sum_{k=1}^{n}(S_{2k}-S_{2k-1})$$

$$=\sum_{k=1}^{n}a_{2k}$$ ← $a_n=2\left(-\dfrac{2}{3}\right)^{n-1}+3$ におい

$$=\sum_{k=1}^{n}\left\{2\left(-\frac{2}{3}\right)^{2k-1}+3\right\}$$ て n を $2k$ とおく。

$$=\sum_{k=1}^{n}\left\{-\frac{4}{3}\left(\frac{4}{9}\right)^{k-1}+3\right\}$$ ← $2\left(-\dfrac{2}{3}\right)^{2k-1}$

$$=\frac{-\dfrac{4}{3}\left\{1-\left(\dfrac{4}{9}\right)^{n}\right\}}{1-\dfrac{4}{9}}+3n$$ $=2\left(-\dfrac{2}{3}\right)\left(-\dfrac{2}{3}\right)^{2k-2}$

$$=-\frac{12}{5}\left\{1-\left(\frac{4}{9}\right)^{n}\right\}+3n$$ $=-\dfrac{4}{3}\left\{\left(-\dfrac{2}{3}\right)^2\right\}^{k-1}$

$$=\frac{12}{5}\left\{\left(\frac{4}{9}\right)^{n}-1\right\}+3n$$

49

等差数列 $\{a_n\}$ の初項を a, 公差を d とすると

$$a_4=a+3d=15$$ ← $a_n=a+(n-1)d$

$$S_4=\frac{4}{2}(2a+3d)=36$$ ← $S_n=\dfrac{n}{2}\{2a+(n-1)d\}$

これより $a=3$, $d=4$

よって，初項は **3**，公差は **4** である。

$$a_n=3+(n-1)\cdot4=4n-1$$

$$S_n=\frac{n}{2}\{2\cdot3+(n-1)\cdot4\}=2n^2+n$$

次に $\displaystyle\sum_{k=1}^{n}b_k=\frac{3}{2}b_n-S_n+3$ ……①

①で $n=1$ とすると

$$b_1=\frac{3}{2}b_1-S_1+3$$ ← $\displaystyle\sum_{k=1}^{1}b_k=b_1$

78　解　説

$S_1=a=3$ より
$$b_1=0$$
$\sum\limits_{k=1}^{n+1} b_k=\sum\limits_{k=1}^{n} b_k+b_{n+1}$ に①を代入すると
$$\frac{3}{2}b_{n+1}-S_{n+1}+3=\frac{3}{2}b_n-S_n+3+b_{n+1}$$
$$b_{n+1}=3b_n+2(S_{n+1}-S_n)$$
$$=3b_n+2\{2(n+1)^2+(n+1)-2n^2-n\}$$
$$=3b_n+8n+6 \qquad\qquad\cdots\cdots②$$
この等式が
$$b_{n+1}+p(n+1)+q=3(b_n+pn+q) \qquad\cdots\cdots③$$
と変形できるとすると，③より
$$b_{n+1}=3b_n+2pn+2q-p \qquad\qquad\cdots\cdots④$$
②と④を比較して
$$\begin{cases} 2p=8 \\ 2q-p=6 \end{cases}$$
これより
$$p=4,\quad q=5$$
よって，③は
$$b_{n+1}+4(n+1)+5=3(b_n+4n+5)$$
と変形できる。$c_n=b_n+4n+5$ とおくと
$$c_{n+1}=3c_n$$
$c_1=b_1+4+5=9$ であるから，数列 $\{c_n\}$ は初項9，公比3の等比数列であり
$$c_n=9\cdot3^{n-1}=3^{n+1}$$
$$\therefore\quad b_n=3^{n+1}-4n-5 \quad(③)$$

50

(1) 【考え方1】
$$a_{n+1}=3a_n+2^n$$
両辺を 3^{n+1} で割ると
$$\frac{a_{n+1}}{3^{n+1}}=\frac{a_n}{3^n}+\frac{1}{3}\left(\frac{2}{3}\right)^n$$
$b_n=\dfrac{a_n}{3^n}$ とおくと
$$b_{n+1}=b_n+\frac{1}{3}\left(\frac{2}{3}\right)^n$$
数列 $\{b_n\}$ の階差数列は初項 $\dfrac{2}{9}$，公比 $\dfrac{2}{3}$ の等比数列であるから，$n\geqq2$ のとき

◀数列 $\{b_n\}$ の階差数列の
一般項は $\dfrac{1}{3}\left(\dfrac{2}{3}\right)^n=\dfrac{2}{9}\left(\dfrac{2}{3}\right)^{n-1}$

$$b_n = b_1 + \sum_{k=1}^{n-1} \frac{2}{9}\left(\frac{2}{3}\right)^{k-1}$$

$$= \frac{a_1}{3} + \frac{\frac{2}{9}\left\{1-\left(\frac{2}{3}\right)^{n-1}\right\}}{1-\frac{2}{3}}$$

$$= 1 + \frac{2}{3}\left\{1-\left(\frac{2}{3}\right)^{n-1}\right\}$$

$$= \frac{5}{3} - \left(\frac{2}{3}\right)^n \quad (②)$$

これは $n=1$ のときも成り立つ。

$a_n = 3^n b_n$ であるから

$$a_n = 3^n\left\{\frac{5}{3} - \left(\frac{2}{3}\right)^n\right\}$$

$$= 5\cdot 3^{n-1} - 2^n \quad (①, ②)$$

【考え方 2】

$$a_{n+1} = 3a_n + 2^n$$

両辺を 2^n で割ると

$$\frac{a_{n+1}}{2^n} = \frac{3}{2}\cdot\frac{a_n}{2^{n-1}} + 1$$

← $c_n = \dfrac{a_n}{2^{n-1}}$ とおくから，

両辺を 2^n で割る。

$c_n = \dfrac{a_n}{2^{n-1}}$ とおくと，$c_1 = a_1 = 3$ であり

$$c_{n+1} = \frac{3}{2}c_n + 1$$

この式を変形して

$$c_{n+1} + 2 = \frac{3}{2}(c_n + 2)$$

← $\alpha = \dfrac{3}{2}\alpha + 1$ より

$\alpha = -2$

数列 $\{c_n + 2\}$ は，初項 $c_1 + 2 = 5$，公比 $\dfrac{3}{2}$ の等比数列であるから

$$c_n + 2 = 5\left(\frac{3}{2}\right)^{n-1}$$

$$\therefore \quad c_n = 5\left(\frac{3}{2}\right)^{n-1} - 2 \quad (①)$$

よって

$$a_n = 2^{n-1}c_n = 5\cdot 3^{n-1} - 2^n$$

(2)
$$a_{n+4} = 3a_{n+3} + 2^{n+3}$$

$$= 3(3a_{n+2} + 2^{n+2}) + 8\cdot 2^n$$

$$= 9a_{n+2} + 12\cdot 2^n + 8\cdot 2^n$$

$$= 9(3a_{n+1} + 2^{n+1}) + 20\cdot 2^n$$

$$= 27a_{n+1} + 18\cdot 2^n + 20\cdot 2^n$$

$$= 27(3a_n + 2^n) + 38\cdot 2^n$$

$$=81a_n+65\cdot 2^n$$
$$a_{n+4}-a_n=80a_n+130\cdot 2^{n-1}$$
$$=10(8a_n+13\cdot 2^{n-1})$$

数列 $\{a_n\}$ の初項から第 4 項までは
$$3,\ 11,\ 37,\ 119$$
であるから，数列 $\{d_n\}$ は，3, 1, 7, 9 を繰り返す．
$$d_{100}=d_4=9$$

⬅ $100=4\cdot 25$

51

$$5\vec{PA}+a\vec{PB}+\vec{PC}=\vec{0}$$

点 A を始点として表すと
$$-5\vec{AP}+a(\vec{AB}-\vec{AP})+(\vec{AC}-\vec{AP})=\vec{0}$$
$$\therefore\ \vec{AP}=\frac{a}{a+6}\vec{AB}+\frac{1}{a+6}\vec{AC} \qquad\cdots\cdots ①$$

⬅ $a>0$ より $a+6\neq 0$

D は辺 BC を 1：8 に内分するから
$$\vec{AD}=\frac{8\vec{AB}+\vec{AC}}{9}$$

$\vec{AP}=k\vec{AD}$ とおくと
$$\vec{AP}=\frac{8k}{9}\vec{AB}+\frac{k}{9}\vec{AC} \qquad\cdots\cdots ②$$

①，②から
$$\frac{a}{a+6}=\frac{8k}{9},\quad \frac{1}{a+6}=\frac{k}{9}$$
$$\therefore\ a=8,\ k=\frac{9}{14}$$

$\vec{AP}=\dfrac{9}{14}\vec{AD}$ となり，P は AD を 9：5 に内分する．

△ABC の重心を G とすると
$$\vec{AG}=\frac{1}{3}\vec{AB}+\frac{1}{3}\vec{AC}$$

⬅ $\vec{a}\neq\vec{0},\ \vec{b}\neq\vec{0}$，
$\vec{a},\vec{b}$ が平行でないとき
$p\vec{a}+q\vec{b}=r\vec{a}+s\vec{b}$
$\iff\ p=r,\ q=s$

⬅ 重心の位置ベクトル．

である．直線 AG と辺 BC の交点を M とすると，M は辺 BC の中点であり，G は線分 AM を 2：1 に内分するから
$$\frac{\triangle\text{ADM}}{\triangle\text{ABC}}=1-\left(\frac{1}{9}+\frac{1}{2}\right)=\frac{7}{18}$$
$$\frac{\triangle\text{APG}}{\triangle\text{ADM}}=\frac{\text{AP}}{\text{AD}}\cdot\frac{\text{AG}}{\text{AM}}=\frac{9}{14}\cdot\frac{2}{3}=\frac{3}{7}$$

よって
$$\frac{\triangle\text{APG}}{\triangle\text{ABC}}=\frac{7}{18}\cdot\frac{3}{7}=\frac{1}{6}$$

⬅ 重心の性質．

⬅ $\dfrac{\triangle\text{ADM}}{\triangle\text{ABC}}=\dfrac{\text{DM}}{\text{BC}}$

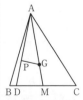

$\vec{BC}=\vec{AC}-\vec{AB}$ から

$|\vec{BC}|^2=|\vec{AC}-\vec{AB}|^2=|\vec{AC}|^2+|\vec{AB}|^2-2\vec{AB}\cdot\vec{AC}$

$49=68+16-2\vec{AB}\cdot\vec{AC}$ より $\vec{AB}\cdot\vec{AC}=\dfrac{35}{2}$

したがって

$\vec{AP}\cdot\vec{AG}=\dfrac{1}{14}(8\vec{AB}+\vec{AC})\cdot\dfrac{1}{3}(\vec{AB}+\vec{AC})$

$\qquad =\dfrac{1}{42}(8|\vec{AB}|^2+9\vec{AB}\cdot\vec{AC}+|\vec{AC}|^2)$

$\qquad =\dfrac{1}{42}\left(8\cdot16+9\cdot\dfrac{35}{2}+68\right)$

$\qquad =\dfrac{101}{12}$

$|\vec{AP}|^2=\left|\dfrac{1}{14}(8\vec{AB}+\vec{AC})\right|^2$

$\qquad =\dfrac{1}{196}(64|\vec{AB}|^2+|\vec{AC}|^2+16\vec{AB}\cdot\vec{AC})$

$\qquad =\dfrac{1}{196}\left(64\cdot16+68+16\cdot\dfrac{35}{2}\right)=7$

$\therefore\ |\vec{AP}|=\sqrt{7}$

← 余弦定理を用いて
$\vec{AB}\cdot\vec{AC}$
$=|\vec{AB}|\cdot|\vec{AC}|\cdot\cos A$
$=4\cdot2\sqrt{17}\cdot\dfrac{16+68-49}{2\cdot4\cdot2\sqrt{17}}$
$=\dfrac{35}{2}$
と求めてもよい。

52

(1) $\vec{AP}=\dfrac{1}{6}\vec{AB}$, $\vec{AQ}=a\vec{AC}$ より

$\vec{BQ}=\vec{AQ}-\vec{AB}=-\vec{AB}+a\vec{AC}$

$\vec{CP}=\vec{AP}-\vec{AC}=\dfrac{1}{6}\vec{AB}-\vec{AC}$

K は BQ,CP の交点であるから,$\vec{AK}$ は

$\vec{AK}=\vec{AB}+s\vec{BQ}=\vec{AB}+s(-\vec{AB}+a\vec{AC})$

$\qquad =(1-s)\vec{AB}+as\vec{AC}$

$\vec{AK}=\vec{AC}+t\vec{CP}=\vec{AC}+t\left(\dfrac{1}{6}\vec{AB}-\vec{AC}\right)$

$\qquad =\dfrac{t}{6}\vec{AB}+(1-t)\vec{AC}$

と 2 通りに表され

$1-s=\dfrac{t}{6}$, $as=1-t$ より $s=\dfrac{5}{6-a}$, $t=\dfrac{6(1-a)}{6-a}$

よって

$\vec{AK}=\dfrac{1-a}{6-a}\vec{AB}+\dfrac{5a}{6-a}\vec{AC}$

R は AK 上の点であるから

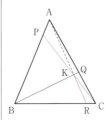

← s は実数。

← t は実数。

← $\vec{AB}\ne\vec{0}$, $\vec{AC}\ne\vec{0}$, $\vec{AB}$ と $\vec{AC}$ は平行でない。

$$\vec{AR}=k\vec{AK}=\frac{k(1-a)}{6-a}\vec{AB}+\frac{5ka}{6-a}\vec{AC}$$

← k は実数。

と表され，R は BC 上の点でもあることから

$$\frac{k(1-a)}{6-a}+\frac{5ka}{6-a}=1 \quad \text{より} \quad k=\frac{6-a}{4a+1}$$

← $\vec{AR}=s\vec{AB}+t\vec{AC}$ のとき
「R が直線 BC 上にある」
$\iff s+t=1$

ゆえに

$$\vec{AR}=\frac{6-a}{4a+1}\vec{AK}=\frac{1-a}{4a+1}\vec{AB}+\frac{5a}{4a+1}\vec{AC}$$

(2) $|\vec{AB}|=|\vec{AC}|$, $\vec{AB}\cdot\vec{AC}=|\vec{AB}|\cdot|\vec{AC}|\cdot\cos\theta$ であるから

$$\vec{BQ}\cdot\vec{CP}=(-\vec{AB}+a\vec{AC})\cdot\left(\frac{1}{6}\vec{AB}-\vec{AC}\right)$$

$$=|\vec{AB}|^2\left\{-\frac{1}{6}+\left(\frac{a}{6}+1\right)\cos\theta-a\right\}$$

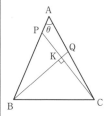

$\vec{BQ}\perp\vec{CP}$ より $\vec{BQ}\cdot\vec{CP}=0$ であるから

$$-\frac{1}{6}+\left(\frac{a}{6}+1\right)\cos\theta-a=0$$

ゆえに

$$(a+6)\cos\theta-(6a+1)=0$$

であり $a=\dfrac{6\cos\theta-1}{6-\cos\theta}$

$0<a<1$ より $0<6\cos\theta-1<6-\cos\theta$ であるから

← $6-\cos\theta>0$

$$\frac{1}{6}<\cos\theta<1$$

53

(1) (i) 2点 P_1, P_2 を

$$\vec{OP_1}=-\vec{OA}, \quad \vec{OP_2}=2\vec{OA}$$

とおくと，P の描く図形は線分 P_1P_2 であるから，線分の長さは

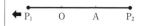

$3OA=3a$

(ii) $\vec{OP}=(1-t)\vec{OA}+t\vec{OB}$

点 A を始点として表すと

$$\vec{AP}-\vec{AO}=(1-t)(-\vec{AO})+t(\vec{AB}-\vec{AO})$$

$$\vec{AP}=t\vec{AB}$$

2点 P_3, P_4 を

$$\vec{AP_3}=-\frac{1}{2}\vec{AB}, \quad \vec{AP_4}=3\vec{AB}$$

とおくと，P の描く図形は線分 P_3P_4 であるから，線分の長さは

←

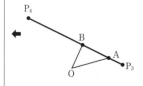

$$\left(\frac{1}{2}+3\right)AB=\frac{7c}{2}$$

(iii) $\overrightarrow{OP} = s\overrightarrow{OA} + t\overrightarrow{OB}$

$\qquad = (2s)\left(\dfrac{1}{2}\overrightarrow{OA}\right) + \dfrac{t}{2}(2\overrightarrow{OB})$

2点 P_5, P_6 を

$\overrightarrow{OP_5} = \dfrac{1}{2}\overrightarrow{OA}$, $\overrightarrow{OP_6} = 2\overrightarrow{OB}$

とおくと，P の描く図形は直線 P_5P_6 である。（⓪）

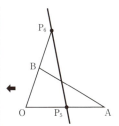

(2) (i) 点 C を

$\overrightarrow{OC} = \overrightarrow{OA} + \overrightarrow{OB}$

とおくと，P が描く図形は平行四辺形 OACB であるから，面積は $2S$ である。

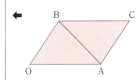

(ii) $\overrightarrow{OP} = s\overrightarrow{OA} + t\overrightarrow{OB}$

$\qquad = \dfrac{s}{2}(2\overrightarrow{OA}) + \dfrac{t}{2}(2\overrightarrow{OB})$

2点 Q_1, Q_2 を

$\overrightarrow{OQ_1} = 2\overrightarrow{OA}$, $\overrightarrow{OQ_2} = 2\overrightarrow{OB}$

とおくと

$\overrightarrow{OP} = \dfrac{s}{2}\overrightarrow{OQ_1} + \dfrac{t}{2}\overrightarrow{OQ_2}$, $\dfrac{s}{2} \geqq 0$, $\dfrac{t}{2} \geqq 0$, $\dfrac{s}{2} + \dfrac{t}{2} \leqq 1$

であるから，P の描く図形は三角形 OQ_1Q_2 の周および内部であり，面積は $4S$ である。

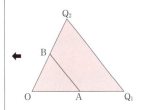

(iii) 2点 Q_3, Q_4 を

$\overrightarrow{OQ_3} = 3\overrightarrow{OA}$, $\overrightarrow{OQ_4} = 3\overrightarrow{OB}$

とおくと，(ii)と同様に考えて，P の描く図形は台形 AQ_3Q_4B であるから，面積は $8S$ である。

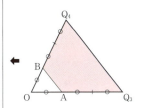

54

(1) $\vec{c} = x\vec{a} + y\vec{b}$ とおくと

$\qquad (-1, 5) = x(3, -1) + y(1, 3)$

$\therefore \begin{cases} -1 = 3x + y \\ 5 = -x + 3y \end{cases}$

$\therefore x = -\dfrac{4}{5}$, $y = \dfrac{7}{5}$

よって

$\qquad \vec{c} = -\dfrac{4}{5}\vec{a} + \dfrac{7}{5}\vec{b}$

$|\vec{a}| = \sqrt{10}$, $|\vec{b}| = \sqrt{10}$, $\vec{a} \cdot \vec{b} = 0$ であるから，△OAB は OA＝OB の直角二等辺三角形である。

よって，外心の位置ベクトルは

$$\vec{p} = \frac{1}{2}(\vec{a} + \vec{b})$$

$$\therefore \quad s = \frac{1}{2}, \quad t = \frac{1}{2}$$

Pが△OBCの垂心であるとき，$\overrightarrow{CP} \perp \overrightarrow{OB}$，$\overrightarrow{BP} \perp \overrightarrow{OC}$ である。

$$\overrightarrow{CP} \cdot \overrightarrow{OB} = \left\{ \left(s + \frac{4}{5}\right)\vec{a} + \left(t - \frac{7}{5}\right)\vec{b} \right\} \cdot \vec{b}$$

$$= 2(5t - 7)$$

$$\overrightarrow{BP} \cdot \overrightarrow{OC} = \{s\vec{a} + (t-1)\vec{b}\} \cdot \frac{1}{5}(-4\vec{a} + 7\vec{b})$$

$$= \frac{1}{5}\{-40s + 70(t-1)\}$$

$$= 2(-4s + 7t - 7)$$

$\overrightarrow{CP} \cdot \overrightarrow{OB} = \overrightarrow{BP} \cdot \overrightarrow{OC} = 0$ より

$$\begin{cases} 5t - 7 = 0 \\ -4s + 7t - 7 = 0 \end{cases}$$

$$\therefore \quad s = \frac{7}{10}, \quad t = \frac{7}{5}$$

← 直角三角形の外心は斜辺の中点。

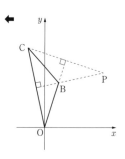

(2) $\vec{d} = (13, -9)$ とおくと，$\vec{c} = (-1, 5)$ より $\vec{p}$ は

$$\vec{p} = (1-k)\vec{c} + k\vec{d}$$

$$= (1-k)(-1, 5) + k(13, -9)$$

$$= (14k - 1, 5 - 14k) \quad (k は実数)$$

とおける。一方

$$\vec{p} = s\vec{a} + t\vec{b}$$

$$= s(3, -1) + t(1, 3)$$

$$= (3s + t, -s + 3t)$$

よって

$$\begin{cases} 14k - 1 = 3s + t \\ 5 - 14k = -s + 3t \end{cases}$$

$$\therefore \quad s + 2t = 2$$

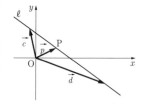

← k を消去する。

(3) $(\vec{p} - \vec{a}) \cdot (2\vec{p} - \vec{b}) = 0$ より

$$2|\vec{p}|^2 - (2\vec{a} + \vec{b}) \cdot \vec{p} + \vec{a} \cdot \vec{b} = 0$$

$$|\vec{p}|^2 - \left(\frac{2\vec{a} + \vec{b}}{2}\right) \cdot \vec{p} + \frac{1}{2}\vec{a} \cdot \vec{b} = 0$$

$$\left|\vec{p} - \frac{2\vec{a} + \vec{b}}{4}\right|^2 = \left|\frac{2\vec{a} + \vec{b}}{4}\right|^2 - \frac{1}{2}\vec{a} \cdot \vec{b}$$

$$\left|\vec{p} - \frac{2\vec{a} + \vec{b}}{4}\right|^2 = \frac{4|\vec{a}|^2 - 4\vec{a} \cdot \vec{b} + |\vec{b}|^2}{16}$$

$$= \left|\frac{2\vec{a} - \vec{b}}{4}\right|^2$$

$$\therefore \quad \left|\vec{p}-\frac{2\vec{a}+\vec{b}}{4}\right|=\left|\frac{2\vec{a}-\vec{b}}{4}\right|$$

中心の位置ベクトルは

$$\frac{2\vec{a}+\vec{b}}{4}=\frac{1}{2}\vec{a}+\frac{1}{4}\vec{b}$$

$$=\frac{1}{2}(3,\ -1)+\frac{1}{4}(1,\ 3)$$

$$=\left(\frac{7}{4},\ \frac{1}{4}\right)$$

より,中心の座標は

$$\left(\frac{7}{4},\ \frac{1}{4}\right)$$

← 点$C(\vec{c})$を中心とする半径rの円のベクトル方程式は $|\vec{p}-\vec{c}|=r$

また

$$\frac{2\vec{a}-\vec{b}}{4}=\frac{1}{2}(3,\ -1)-\frac{1}{4}(1,\ 3)$$

$$=\left(\frac{5}{4},\ -\frac{5}{4}\right)$$

より半径は

$$\left|\frac{2\vec{a}-\vec{b}}{4}\right|=\sqrt{\left(\frac{5}{4}\right)^2+\left(-\frac{5}{4}\right)^2}=\frac{5\sqrt{2}}{4}$$

(注1) $(\vec{p}-\vec{a})\cdot(2\vec{p}-\vec{b})=0$ より

$$(\vec{p}-\vec{a})\cdot\left(\vec{p}-\frac{\vec{b}}{2}\right)=0$$

$\vec{a}=\overrightarrow{OA},\ \dfrac{\vec{b}}{2}=\overrightarrow{OB'}$ とすると

$$(\overrightarrow{OP}-\overrightarrow{OA})\cdot(\overrightarrow{OP}-\overrightarrow{OB'})=0$$

$$\overrightarrow{AP}\cdot\overrightarrow{B'P}=0$$

これより,AP⊥B′P または P=A または P=B′
すなわち,P は,線分AB′を直径の両端とする円を描く。中心の位置ベクトルは

$$\frac{\overrightarrow{OA}+\overrightarrow{OB'}}{2}=\frac{\vec{a}+\frac{1}{2}\vec{b}}{2}=\frac{1}{2}\vec{a}+\frac{1}{4}\vec{b}$$

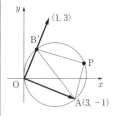

(注2) $\vec{p}=(x,\ y)$とおくと

$\vec{p}-\vec{a}=(x-3,\ y+1),\ 2\vec{p}-\vec{b}=(2x-1,\ 2y-3)$

$(\vec{p}-\vec{a})\cdot(2\vec{p}-\vec{b})=0$ より

$$(x-3)(2x-1)+(y+1)(2y-3)=0$$

これを整理すると

$$x^2+y^2-\frac{7}{2}x-\frac{1}{2}y=0$$

←座標平面上で,x,yの満たす関係式を求めてもよい。

$$\therefore \left(x-\frac{7}{4}\right)^2+\left(y-\frac{1}{4}\right)^2=\frac{50}{16}$$

これより，円の中心の座標は$\left(\frac{7}{4}, \frac{1}{4}\right)$，半径は$\sqrt{\frac{50}{16}}=\frac{5\sqrt{2}}{4}$となることがわかる。

$\vec{p}=s\vec{a}+t\vec{b}$ より
$(\vec{p}-\vec{a})\cdot(2\vec{p}-\vec{b})=0$
$\{(s-1)\vec{a}+t\vec{b}\}\{2s\vec{a}+(2t-1)\vec{b}\}=0$
$20s(s-1)+10t(2t-1)=0$
$2s^2+2t^2-2s-t=0$

(4) PがℓとCの交点になるとき，(2)，(3)より　　　　　　　　　　　　　　　　　←(2)，(3)の結果を利用する。
$\begin{cases} s+2t=2 & \cdots\cdots① \\ 2s^2+2t^2-2s-t=0 & \cdots\cdots② \end{cases}$

①より $s=2-2t$，②に代入して
$2(2-2t)^2+2t^2-2(2-2t)-t=0$
$10t^2-13t+4=0$
$(2t-1)(5t-4)=0$
$t=\frac{1}{2}, \frac{4}{5}$

これと①より
$(s, t)=\left(1, \frac{1}{2}\right), \left(\frac{2}{5}, \frac{4}{5}\right)$

よって
$\vec{p}=\vec{a}+\frac{1}{2}\vec{b}, \frac{2}{5}\vec{a}+\frac{4}{5}\vec{b}$

55

(1) $\overrightarrow{OA}\cdot\overrightarrow{OC}=|\overrightarrow{OA}|\cdot|\overrightarrow{OC}|\cdot\cos\angle AOC=3\cdot2\cdot\frac{1}{2}=3$

$\overrightarrow{OB}\cdot\overrightarrow{OC}=|\overrightarrow{OB}|\cdot|\overrightarrow{OC}|\cdot\cos\angle BOC=3\cdot2\cdot\frac{1}{2}=3$

$\overrightarrow{OC}\cdot\overrightarrow{CA}=\overrightarrow{OC}\cdot(\overrightarrow{OA}-\overrightarrow{OC})=\overrightarrow{OA}\cdot\overrightarrow{OC}-|\overrightarrow{OC}|^2=3-2^2=-1$

$\overrightarrow{OC}\cdot\overrightarrow{CB}=\overrightarrow{OC}\cdot(\overrightarrow{OB}-\overrightarrow{OC})=\overrightarrow{OB}\cdot\overrightarrow{OC}-|\overrightarrow{OC}|^2=3-2^2=-1$

$\overrightarrow{OA}\cdot\overrightarrow{OB}=(\overrightarrow{OC}+\overrightarrow{CA})\cdot(\overrightarrow{OC}+\overrightarrow{CB})$
$\qquad=|\overrightarrow{OC}|^2+\overrightarrow{OC}\cdot\overrightarrow{CB}+\overrightarrow{OC}\cdot\overrightarrow{CA}+\overrightarrow{CA}\cdot\overrightarrow{CB}$
$\qquad=2^2+(-1)+(-1)+0=2$

$|\overrightarrow{AC}|^2=|\overrightarrow{OC}-\overrightarrow{OA}|^2=|\overrightarrow{OC}|^2+|\overrightarrow{OA}|^2-2\overrightarrow{OC}\cdot\overrightarrow{OA}$
$\qquad=2^2+3^2-2\cdot3=7$

$|\overrightarrow{BC}|^2=|\overrightarrow{OC}-\overrightarrow{OB}|^2=|\overrightarrow{OC}|^2+|\overrightarrow{OB}|^2-2\overrightarrow{OC}\cdot\overrightarrow{OB}$
$\qquad=2^2+3^2-2\cdot3=7$

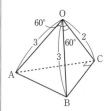

←$\angle ACB=90°$ より
$\overrightarrow{CA}\cdot\overrightarrow{CB}=0$

より $|\overrightarrow{AC}|=\sqrt{7}$, $|\overrightarrow{BC}|=\sqrt{7}$
$|\overrightarrow{AB}|^2=|\overrightarrow{AC}|^2+|\overrightarrow{BC}|^2=14$ より $|\overrightarrow{AB}|=\sqrt{14}$

(2) $\overrightarrow{OM}=\dfrac{\overrightarrow{OA}+\overrightarrow{OB}}{2}$ であるから

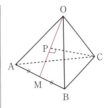

$$\overrightarrow{OC}\cdot\overrightarrow{OM}=\dfrac{1}{2}(\overrightarrow{OA}\cdot\overrightarrow{OC}+\overrightarrow{OB}\cdot\overrightarrow{OC})=\dfrac{1}{2}(3+3)=3$$

$$|\overrightarrow{OM}|^2=\dfrac{1}{4}|\overrightarrow{OA}+\overrightarrow{OB}|^2=\dfrac{1}{4}(|\overrightarrow{OA}|^2+|\overrightarrow{OB}|^2+2\overrightarrow{OA}\cdot\overrightarrow{OB})$$
$$=\dfrac{11}{2}$$

← $OM\perp AB$ がいえるから三平方の定理を用いて求めてもよい。

ゆえに
$$\overrightarrow{CP}\cdot\overrightarrow{OM}=(\overrightarrow{OP}-\overrightarrow{OC})\cdot\overrightarrow{OM}=(t\overrightarrow{OM}-\overrightarrow{OC})\cdot\overrightarrow{OM}$$
$$=t|\overrightarrow{OM}|^2-\overrightarrow{OC}\cdot\overrightarrow{OM}=\dfrac{11}{2}t-3$$

であり,$\overrightarrow{CP}\perp\overrightarrow{OM}$ となるのは $\overrightarrow{CP}\cdot\overrightarrow{OM}=0$ のときであるから
$$\dfrac{11}{2}t-3=0 \text{ より } t=\dfrac{6}{11}$$

このとき
$$\overrightarrow{OP}=\dfrac{6}{11}\overrightarrow{OM}=\dfrac{3}{11}(\overrightarrow{OA}+\overrightarrow{OB})$$
$$\overrightarrow{OQ}=\dfrac{1}{3}(\overrightarrow{OP}+2\overrightarrow{OC})=\dfrac{1}{11}(\overrightarrow{OA}+\overrightarrow{OB})+\dfrac{2}{3}\overrightarrow{OC}$$

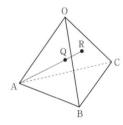

R は直線 AQ 上の点であるから,$\overrightarrow{AR}=k\overrightarrow{AQ}$ (k は実数)とおいて
$$\overrightarrow{OR}=(1-k)\overrightarrow{OA}+k\overrightarrow{OQ}$$
$$=\left(1-\dfrac{10}{11}k\right)\overrightarrow{OA}+\dfrac{k}{11}\overrightarrow{OB}+\dfrac{2k}{3}\overrightarrow{OC}$$

と表せる。一方,R は平面 OBC 上の点であるから
$$1-\dfrac{10}{11}k=0$$
$$\therefore k=\dfrac{11}{10}$$

← $\overrightarrow{OR}=x\overrightarrow{OB}+y\overrightarrow{OC}$ の形に表せる。

ゆえに $\overrightarrow{AR}=\dfrac{11}{10}\overrightarrow{AQ}$ であるから
$$AQ:QR=\mathbf{10:1}$$
であり
$$\overrightarrow{OR}=\dfrac{1}{10}\overrightarrow{OB}+\dfrac{11}{15}\overrightarrow{OC}$$

56

(1) $\vec{OA}=(1, 0, 0)$, $\vec{OB}=(0, 2, 0)$, $\vec{OC}=(0, 0, 3)$

$\vec{OP}=(1-a)\vec{OA}+a\vec{OB}=(1-a, 2a, 0)$

$\vec{OQ}=(1-b)\vec{OP}+b\vec{OC}$

$\quad=((1-a)(1-b), \, 2a(1-b), \, 3b)$

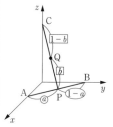

(2) $a=\dfrac{1}{4}$, $b=\dfrac{1}{3}$ のとき

$\vec{OQ}=\left(\dfrac{3}{4}\cdot\dfrac{2}{3},\, 2\cdot\dfrac{1}{4}\cdot\dfrac{2}{3},\, 3\cdot\dfrac{1}{3}\right)=\left(\dfrac{1}{2},\, \dfrac{1}{3},\, 1\right)$

であるから $Q\left(\dfrac{1}{2},\, \dfrac{1}{3},\, 1\right)$

球面 S は, yz 平面に接するから, 半径は Q の x 座標から $\dfrac{1}{2}$

よって, S の方程式は

$\left(x-\dfrac{1}{2}\right)^2+\left(y-\dfrac{1}{3}\right)^2+(z-1)^2=\dfrac{1}{4}$

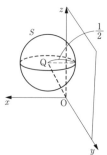

S 上の点で, O に最も近いのは線分 OQ と S との交点(T とする)である。

$OQ=\sqrt{\left(\dfrac{1}{2}\right)^2+\left(\dfrac{1}{3}\right)^2+1^2}=\sqrt{\dfrac{49}{36}}=\dfrac{7}{6}$

$OT=\dfrac{7}{6}-\dfrac{1}{2}=\dfrac{2}{3}$

よって $OT:OQ=\dfrac{2}{3}:\dfrac{7}{6}=4:7$

$\vec{OT}=\dfrac{4}{7}\vec{OQ}=\dfrac{4}{7}\left(\dfrac{1}{2},\, \dfrac{1}{3},\, 1\right)=\left(\dfrac{2}{7},\, \dfrac{4}{21},\, \dfrac{4}{7}\right)$

∴ $T\left(\dfrac{2}{7},\, \dfrac{4}{21},\, \dfrac{4}{7}\right)$

また, S に接し, xy 平面に平行な平面は, Q の z 座標が 1 であり, 半径が $\dfrac{1}{2}$ であるから

$z=1+\dfrac{1}{2}=\dfrac{3}{2}$

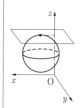

(3) $\vec{OR}=\vec{OD}+\vec{DR}=\vec{OD}+t\vec{u}=(2, 2, 3)+t(1, 1, 1)$

$\qquad =(2+t,\, 2+t,\, 3+t)$

Q が ℓ 上にあるとき

$(1-a)(1-b)=2+t$, $2a(1-b)=2+t$, $3b=3+t$

であるから, t を消去して

$(1-a)(1-b)=2a(1-b)$, $2a(1-b)-3b=-1$

R が Q と一致するとき。

ゆえに $(1-b)(1-3a)=0$, $2a(1-b)=3b-1$

であり $a=\dfrac{1}{3}$, $b=\dfrac{5}{11}$

$\begin{cases} P\left(\dfrac{2}{3}, \dfrac{2}{3}, 0\right), \\ Q\left(\dfrac{4}{11}, \dfrac{4}{11}, \dfrac{15}{11}\right) \end{cases}$

57

D の座標は
$$\overrightarrow{OD}=\dfrac{2\overrightarrow{OA}+\overrightarrow{OB}}{3}=\dfrac{1}{3}\{2(2,\ 0,\ 0)+(0,\ 2,\ 0)\}$$
$$=\left(\dfrac{4}{3},\ \dfrac{2}{3},\ 0\right)$$

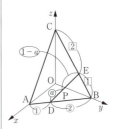

E の座標は
$$\overrightarrow{OE}=\dfrac{2\overrightarrow{OB}+\overrightarrow{OC}}{3}=\dfrac{1}{3}\{2(0,\ 2,\ 0)+(0,\ 0,\ 4)\}$$
$$=\left(0,\ \dfrac{4}{3},\ \dfrac{4}{3}\right)$$

P の座標は
$$\overrightarrow{OP}=(1-a)\overrightarrow{OD}+a\overrightarrow{OE}=(1-a)\left(\dfrac{4}{3},\ \dfrac{2}{3},\ 0\right)+a\left(0,\ \dfrac{4}{3},\ \dfrac{4}{3}\right)$$
$$=\left(\dfrac{4-4a}{3},\ \dfrac{2a+2}{3},\ \dfrac{4}{3}a\right) \quad\cdots\cdots\text{①}$$
$$\overrightarrow{BP}=\overrightarrow{OP}-\overrightarrow{OB}=\left(\dfrac{4-4a}{3},\ \dfrac{2a+2}{3},\ \dfrac{4}{3}a\right)-(0,\ 2,\ 0)$$
$$=\left(\dfrac{4-4a}{3},\ \dfrac{2a-4}{3},\ \dfrac{4}{3}a\right)$$
$$\overrightarrow{AC}=\overrightarrow{OC}-\overrightarrow{OA}=(0,\ 0,\ 4)-(2,\ 0,\ 0)$$
$$=(-2,\ 0,\ 4)$$

BP⊥AC より
$$\overrightarrow{BP}\cdot\overrightarrow{AC}=\dfrac{4-4a}{3}\cdot(-2)+\dfrac{2a-4}{3}\cdot 0+\dfrac{4}{3}a\cdot 4=0$$
$$\therefore\ a=\dfrac{1}{3}$$

また
$$\overrightarrow{PA}=\overrightarrow{OA}-\overrightarrow{OP}=(2,\ 0,\ 0)-\left(\dfrac{4-4a}{3},\ \dfrac{2a+2}{3},\ \dfrac{4}{3}a\right)$$
$$=\left(\dfrac{2+4a}{3},\ -\dfrac{2a+2}{3},\ -\dfrac{4}{3}a\right)$$
$$\overrightarrow{PC}=\overrightarrow{OC}-\overrightarrow{OP}=(0,\ 0,\ 4)-\left(\dfrac{4-4a}{3},\ \dfrac{2a+2}{3},\ \dfrac{4}{3}a\right)$$
$$=\left(\dfrac{4a-4}{3},\ -\dfrac{2a+2}{3},\ \dfrac{12-4a}{3}\right)$$

よって

$$\vec{PA}\cdot\vec{PC} = \frac{2+4a}{3}\cdot\frac{4a-4}{3} + \left(-\frac{2a+2}{3}\right)\cdot\left(-\frac{2a+2}{3}\right)$$
$$+ \left(-\frac{4}{3}a\right)\cdot\frac{12-4a}{3}$$
$$= \frac{4}{9}(9a^2-12a-1)$$
$$= \frac{4}{9}\left\{9\left(a-\frac{2}{3}\right)^2-5\right\}$$

であり，内積は $a=\frac{2}{3}$ のとき，最小値をとる。　　←$0<a<1$ を満たす。

このとき，①に $a=\frac{2}{3}$ を代入すると $P\left(\frac{4}{9},\ \frac{10}{9},\ \frac{8}{9}\right)$

よって $\vec{OP} = \left(\frac{4}{9},\ \frac{10}{9},\ \frac{8}{9}\right)$
$$= \frac{2}{9}(2,\ 0,\ 0) + \frac{5}{9}(0,\ 2,\ 0) + \frac{2}{9}(0,\ 0,\ 4)$$
$$= \frac{2}{9}\vec{OA} + \frac{5}{9}\vec{OB} + \frac{2}{9}\vec{OC}$$

点 C を始点として表すと
$$\vec{CP}-\vec{CO} = \frac{2}{9}(\vec{CA}-\vec{CO}) + \frac{5}{9}(\vec{CB}-\vec{CO}) + \frac{2}{9}(-\vec{CO})$$
$$\vec{CP} = \frac{2}{9}\vec{CA} + \frac{5}{9}\vec{CB}$$
$$= \frac{7}{9}\cdot\frac{2\vec{CA}+5\vec{CB}}{7}$$

←内分点の公式を利用する。

$\vec{CQ} = \dfrac{2\vec{CA}+5\vec{CB}}{7}$ であり $\vec{CP} = \dfrac{7}{9}\vec{CQ}$

である。したがって，Q は線分 AB を 5:2 に内分し，P は線分 CQ を 7:2 に内分する。

$$\frac{PQ}{CP} = \frac{2}{7},\quad \frac{QB}{AQ} = \frac{2}{5}$$

58

(1) $\vec{OA}=(2,\ -2,\ 1),\ \vec{OB}=(4,\ -1,\ -1)$ より
$$|\vec{OA}| = \sqrt{2^2+(-2)^2+1^2} = 3$$
$$|\vec{OB}| = \sqrt{4^2+(-1)^2+(-1)^2} = 3\sqrt{2}$$
$$\vec{OA}\cdot\vec{OB} = 2\cdot 4+(-2)\cdot(-1)+1\cdot(-1) = 9$$

であるから
$$\cos\angle AOB = \frac{\vec{OA}\cdot\vec{OB}}{|\vec{OA}||\vec{OB}|} = \frac{9}{3\cdot 3\sqrt{2}} = \frac{1}{\sqrt{2}}$$
$$\therefore\ \angle AOB = 45°$$

←内積を利用して，$\angle AOB$ の値を求める。

△OAB の面積は
$$\frac{1}{2} \cdot 3 \cdot 3\sqrt{2} \cdot \sin 45° = \frac{9}{2}$$

(2) $\overrightarrow{OD} = s\overrightarrow{OA} + t\overrightarrow{OB} = (2s+4t, -2s-t, s-t)$ より
$\overrightarrow{CD} = \overrightarrow{OD} - \overrightarrow{OC} = (2s+4t-3, -2s-t-3, s-t)$

直線 CD が平面 OAB に垂直になるのは，OA⊥CD，OB⊥CD のときである。

OA⊥CD より
$\overrightarrow{OA} \cdot \overrightarrow{CD} = 2(2s+4t-3) - 2(-2s-t-3) + (s-t) = 0$
∴ $s = -t$ ……①

OB⊥CD より
$\overrightarrow{OB} \cdot \overrightarrow{CD} = 4(2s+4t-3) - (-2s-t-3) - (s-t) = 0$
∴ $s + 2t = 1$ ……②

①，②より $s = -1$，$t = 1$ ∴ D$(2, 1, -2)$

$\overrightarrow{CD} = (-1, -2, -2)$ より
$|\overrightarrow{CD}| = \sqrt{(-1)^2 + (-2)^2 + (-2)^2} = 3$

よって，四面体 OABC の体積は
$$\frac{1}{3} \cdot \triangle\text{OAB} \cdot \text{CD} = \frac{1}{3} \cdot \frac{9}{2} \cdot 3 = \frac{9}{2}$$

← 平面上の平行でない2つのベクトルに垂直。

(3) E は AC 上にあるので
$\overrightarrow{OE} = (1-\alpha)\overrightarrow{OA} + \alpha\overrightarrow{OC}$
$= (1-\alpha)(2, -2, 1) + \alpha(3, 3, 0)$
$= (2+\alpha, -2+5\alpha, 1-\alpha)$

とおけて，E は xz 平面上にあるので
$-2 + 5\alpha = 0$
∴ $\alpha = \frac{2}{5}$

よって，$\overrightarrow{OE} = \left(\frac{12}{5}, 0, \frac{3}{5}\right)$ であるから，点 E の座標は
$\left(\frac{12}{5}, 0, \frac{3}{5}\right)$

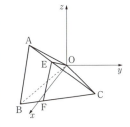

F は BC 上にあるので
$\overrightarrow{OF} = (1-\beta)\overrightarrow{OB} + \beta\overrightarrow{OC}$
$= (1-\beta)(4, -1, -1) + \beta(3, 3, 0)$
$= (4-\beta, -1+4\beta, -1+\beta)$

とおけて，F は xz 平面上にあるので
$-1 + 4\beta = 0$
∴ $\beta = \frac{1}{4}$

よって

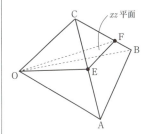

92 **解 説**

$$\overrightarrow{OF} = \left(\frac{15}{4}, \ 0, \ -\frac{3}{4} \right)$$

したがって

$$\triangle OEF = \frac{1}{2} \left| \frac{12}{5} \left(-\frac{3}{4} \right) - \frac{15}{4} \cdot \frac{3}{5} \right| = \frac{81}{40}$$

であり，四面体 COEF の体積は

$$\frac{1}{3} \cdot \triangle OEF \cdot (C \text{ の } y \text{ 座標}) = \frac{1}{3} \cdot \frac{81}{40} \cdot 3 = \frac{81}{40}$$

四面体 OABC を xz 平面で切断したとき，A を含む側の立体は OABFE であるから，その体積は

$$\frac{9}{2} - \frac{81}{40} = \frac{99}{40}$$

（注）　2 点 A，C の y 座標に注目すると

$$AE : EC = 2 : 3 \quad \left(\alpha = \frac{2}{5} \right)$$

同様に，2 点 B，C の y 座標に注目すると

$$BF : FC = 1 : 3 \quad \left(\beta = \frac{1}{4} \right)$$

$\triangle EFC$ と $\triangle ABC$ の面積比は

$$\frac{\triangle EFC}{\triangle ABC} = \frac{EC \cdot FC}{AC \cdot BC} = \frac{3 \cdot 3}{5 \cdot 4} = \frac{9}{20}$$

よって，四面体 COEF の体積は

$$\frac{9}{20} \cdot (OABC) = \frac{9}{20} \cdot \frac{9}{2} = \frac{81}{40}$$

← $\triangle EFC$ と $\triangle ABC$ は $\angle ECF$ と $\angle ACB$ が共通であるから面積比は $\angle ECF$ と $\angle ACB$ を挟む 2 辺の長さの積の比になる。

— *MEMO* —

— *MEMO* —

著　　者	榎　　　明夫	
	吉　川　浩　之	
発　行　者	山　﨑　良　子	
印　刷・製　本	株式会社日本制作センター	
発　行　所	駿台文庫株式会社	

短期攻略 大学入学共通テスト 数学Ⅱ・B ［実戦編］

〒101-0062　東京都千代田区神田駿河台1-7-4
　　　　　　　　　　　　　　　　　　小畑ビル内
　　　　　　TEL. 編集 03(5259)3302
　　　　　　　　　販売 03(5259)3301
　　　　　　　　　《④－176pp.》

©Akio Enoki and Hiroyuki Yoshikawa 2020
落丁・乱丁がございましたら，送料小社負担にてお取
替えいたします。
ISBN978-4-7961-2338-9　　Printed in Japan

駿台文庫 Web サイト
https://www.sundaibunko.jp